부모와 아이 중
한 사람은 어른이어야 한다

임영주 지음

부모와 아이 중 한 사람은 어른이어야 한다

& page

사랑과 의지만으로는 아이를 키울 수 없다

"밥을 안 먹어도 너무 안 먹어요. 주변에서 자꾸 애가 작고 왜소하다고 하는데, 그 소리가 마치 엄마인 제 잘못이라는 이야기처럼 들려 미치겠어요."

다섯 살 딸을 둔 혜진 씨는 요즘 아이 밥 먹이기 전쟁이 한창이다. 그날 아침에도 식탁 앞에 한 시간을 앉아 있다가, 더는 화를 참지 못하고 아이 식판을 싱크대에 엎어버렸다고 한다. 얼마나 지났을까. 좀처럼 진정되지 않는 마음을 달래기 위해 소파에 앉아 있는데, 아이가 먼저 혜진 씨에게 다가오더란다. 조용히 그녀 옆에 앉아 어떻게든 엄마와 눈을 맞춰보려고 애를 쓰더라는 것.

"그런데 제가 아이를 향해 도저히 웃어줄 수 없는 거예요. 아이가 용기 내어 다가왔다는 것을 알면서도 안아줄 수가 없었어요. 너무 지쳐 모든 걸 포기하고 싶은 상태였거든요."

차마 더는 자신에게 다가오지 못하고 조용히 제 방으로 들어가는 아이의 뒷모습을 보며 그녀는 결국 울음을 터트리고 말았다. 이렇게 형편없는 엄마인 게 미안해서, 용기 내어 다가와 준 아이를 안아주지 못하는 못난 엄마라서, 아이의 감정이 아닌 내 감정이 먼저인… 한마디로 철 없는 부모라는 느낌이 죄책감과 좌절감을 몰고 온 것이다.

맞다. 아이에게는 부모가 세상의 전부다. 그래서 그렇게 화를 내고 밀어내도 아이가 돌아올 곳은 부모 품밖에 없다. 너는 내가 상처를 줘도 먼저 손을 내밀 수밖에 없는 약한 존재니까, 나는 너를 미워해도 너는 나를 미워할 수 없는 위치에 있으니까, 사랑하지만 또 그만큼 만만한 대상이니까 하는 생각이 필요 이상의 화를 불러오는 것이다.

"아이가 얼마나 상처받았을지… 지금도 내 자신이 용서가 안 돼요."

아이의 상처는 결국 이렇게 부모의 상처가 된다.

부모가 되고 난 후 낯선 자신의 모습을 발견하는 사람이 많다. 그 누구에게도 보여주고 싶지 않은 미성숙한 자신의 민낯이 적나라하게 드러날 때, 정제되지 않은 날것 그대로의 자신을 만나게 될 때 부모는 당혹감을 느낀다. 통제, 조절, 절제라는 단어가 애초에 존재하지 않는 듯 아이에 대한 화와 분노가 격렬하게 춤을 출 때면 부모는 '내가 이렇게 미성숙한 사람이었나' 하는 자괴감에 빠진다.

그도 그럴 것이 우리는 지금까지 이토록 비이성적이고 비논리적이며 비합리적인 존재를 만나보지 못했다. 울기, 떼쓰기, 짜증내기, 소리 지르기로 버티는 이 작은 생명체를 도대체 어떻게 다뤄야 할지 좀처럼 감을 잡을 수 없다.

잘 안 먹고 잘 안 자는 아이, 낯을 심하게 가리는 아이, 공격적이고 충동적인 아이를 오롯이 혼자 감당해야 하는 부모의 마음은 마른 낙엽처럼 부서지기 일보 직전이다. 뭐든 똑소리 나게 잘하던 아이가 갑자기 혼자서 못하겠다고 떼를 쓰거나, 습관적으로 숙제를 미루거나, 안 하던 거짓말을 하거나, 제 나이에 맞지 않는 화장품을 사달라고 단식 투쟁을 벌이면 부모는 그야말로 멘붕이 되고 만다. 상대의 입장과 상황은 고려하지 않고 일방적으로 자신의 요구를 들어 달라는 아이는 부모를 감정적으로 지치게 만든다.

일상에 지쳐 하루가 다르게 자신의 존재감이 희미해지는 상황에서 오뉴월 뙤약볕처럼 강한 존재감을 드러내는 아이를 감당하기란 쉽지 않은 일이다. 내가 멘탈이 부서지기 일보 직전인데 무슨 여유가 있어 아이에게 미소를 보이고 따뜻한 품을 내어줄 수 있겠는가. 밥 먹을 기운조차 없는데 무슨 수로 아이의 감정을 읽어주는 공감 육아를 할 수 있겠는가. 도망치고 싶은 마음이 굴뚝같은데 무슨 정신으로 아이의 과제를 봐주고 자기주도 습관을 만들어줄 수 있겠는가. 의지와 책임감만으로 아이를 키울 수 없다는 이야기다.

결국 감정적으로 지쳐 나가떨어진 부모는 "도대체 뭐가 문제야! 뭐 때문에 엄마를 이렇게 힘들게 하는 거야!"라며 소리를 지르고 아이를 혼내는 것으로 상황을 통제하려고 든다.

화가 난 부모는 아이에게 소리를 지르거나 벌을 줄 수 있지만 이런 상황에서도 아이는 스스로를 보호할 힘이 없다. 아이는 분노에 찬 부모가 "꼴도 보기 싫으니 당장 네 방으로 들어가!"라고 소리라도 질러줘야 그나마 살벌한 분위기를 벗어날 수 있을 만큼 나약한 존재다. 이런 사실을 그 누구보다 잘 알기에 아이를 혼내고 나면 항상 후회가 뒤따른다. 어른답게 감정을 조절하지 못하고, 부모답게 기다려주지 못한 채 힘과 권위를 이용해 항복을 받아냈으니 싸움에서 이기고도 진 기분이 드는 것이다. 결국 감정을 통제하지 못한 데서 오는 죄책감과 패배감이 부모의 마음을 아프게 한다.

사회적인 분위기도 문제다. 흔히 부모의 말 한마디가 아이의 자존감을 높이고, 부모의 정보력이 아이의 대학을 결정한다고 한다. 이런 분위기는 부모에게 불안과 조급함을 불러온다. 내가 부족해서 아이의 발달이 늦는 것 같고, 내가 모자라서 아이의 사회성이 떨어지는 것 같다. 내가 분노를 참지 못해서 아이가 눈치를 보는 것 같고, 내가 일관성이 없어서 아이도 흔들리는 것 같다. 그런데 이런 부모의 걱정과 달리 대다수의 아이들은 제 나이답게 말썽을 부리고, 성장을 위해 좌충우돌하는 그냥 보통의 아이일 뿐이다.

부모가 습관적으로 분노를 표출하지 않는 이상 꾸중 한 번 들었다고 해서 아이의 자존감이 치명타를 입는 건 아니다. 현재 아이가 조금 느리다고 해서 인생 전체가 흔들리지도 않는다. 우리 아이들은 부모가 생각하는 것보다 강하고 너그럽다. 이것이 바로 아이들의 후회는 짧지만 부모들의 후회는 긴 이유다.

그러므로 아이가 의미 없이 그린 그림 한 장이나 일기장에 적힌 단어 하나에 집착하지 마라. "아이의 그림을 보니 자존감에 상처를 입은 것처럼 보여요" "아이 일기장을 보고 나서 억장이 무너져 내리더라고요" 하는 부모가 많은데 우리 역시 그런 과정을 거치며 성장했다. 어쩌면 부모의 치유되지 않은 어린 시절의 상처가 아이의 그림과 일기를 통해 투사되는 것일지도 모른다. 자신의 상처를 아이에게 투영하지 않고, 자신의 감정을 아이에게 강요하지 않는 것만으로도 우리는 충분히 좋은 부모라고 할 수 있다.

"만약 아이들에게 부모를 선택할 기회가 있었다면, 과연 우리를 부모로 선택했을까요?"

강연장에서 이 질문을 던지면 갑자기 장내가 조용해진다. 바로 직전까지 "아이가 하라는 공부는 안 하고 게임만 해요" "고집이 세요" "무슨 말을 해도 흘려듣고 무조건 싫다고만 해요"라고 자녀의 문제점을 열거하던 사람들이 언제 그랬냐는 듯 복잡한 표정으로 각자 생각에 빠져든다.

아이를 낳는 것은 내 선택이었지만 아이는 부모를 선택할 수 없었다. 부모 노릇이 힘들 때, 부모의 자리가 버거울 때, 부모라는 이름을 내려놓고 싶을 때 "아이가 부모를 선택할 수 있었다면 과연 나를 선택했을까?"라는 질문을 떠올려보라. 브레이크가 고장 난 자동차처럼 주변을 위협하며 질주하는 분노를 다잡는 좋은 방법이 되어줄 것이다.

단순히 아이를 '낳은 부모'가 아닌 '더 나은 부모'가 되기 위해 노력하는
이 땅의 모든 어른을 위해
2021년 봄, 임영주

차 례

chapter3.

진짜 희망을 원하는 아이, 가짜 희망이 필요한 부모

chapter4.

귀 열어, 잔소리 들어간다

chapter1.

부모와 아이 중 한 사람은 어른이어야 한다

*

나이는 먹을 만큼 먹었어, 문제는 아직 어려서 그렇지

뤽 베송 감독 하면 영화 〈레옹Leon〉이 떠오른다. 한 손에는 우유 2팩이 든 가방을 들고 다른 손에는 화분을 들고 뿌리 없이 떠도는 킬러 레옹과 처참하게 몰살당한 가족의 원수를 갚기 위해 킬러가 되기로 결심한 열두 살 소녀 마틸다의 우정을 그린 영화다. 꽤 오래된 영화지만 여전히 기억에 남아 있는 대사가 있다.

"난 다 컸어요. 이제 나이만 먹으면 돼요."

"나랑은 반대로구나. 난 나이는 먹을 만큼 먹었어, 문제는 아직 어려서 그렇지."

자신이 다 컸다고 생각하는 열두 살 소녀 마틸다와 자신은 나이만 먹었을 뿐 여전히 스스로 어리다고 느끼는 중년의 레옹. 사실 우리 주변을 살펴보면 마틸다와 레옹이 너무 많다. 누가 봐도 돌봄과 지도가 필요한 어린 아이지만 충분히 홀로 설 수 있다고 생각하는 자녀와 나이는 많지만 아이처럼 미성숙하여 감정을 주체하지 못하는 부모가 차고 넘친다.

부모의 미성숙함은 아이와 감정싸움이나 기싸움, 힘겨루기에서 그 민낯이 완전히 드러나고 만다. 오죽하면 부모들이 자발적으로 "애를 혼내고 있는 건지, 애와 싸우고 있는 건지 구분이 안 될 정도다"라고 고백하겠는가.

나이로 보나 체격으로 보나 상대 자체가 안 되는 부모와 아이가 싸우는 이유는 무엇일까? 그전에 세상 그 누구보다 사랑하는 아이에게 부모는 왜 그렇게 화를 내게 되는 것일까? 여러 가지 이유가 있겠지만 크게 네 가지로 정리해 보려고 한다.

떼쓰기, 울기, 물건 집어던지기, 침묵하기, 방문 잠그고 단식 투쟁하기

첫 번째, 아이가 태어나면 가정은 부모가 아닌 아이 중심으로 재편된다. 출산과 함께 가장 먼저 변화가 일어나는 곳이 바로 식탁이다. 아이에게 먹일 음식을 먼저 하고 거기에 소금, 후추 등의 간을 더해서 부모가 먹는 식으로 식단을 짜게 된다. 외식을 하려고 해도 아이가 들어갈 수 있는 식당, 아이가 선호하는 음식을 파는 곳을 먼저 찾게 된다. 여행은 또 어떤가? 부모가 원하는 곳보다 아이에게 볼거리, 즐길 거리, 먹을거리를 제공할 수 있는 장소가 1순위에 오른다. 대인관계 역시 마찬가지다. 놀이터, 문화센터, 키즈 카페는 부지런히 다니지만 대화가 통하는 친구들과 분위기 좋은 카페에 앉아 여유롭게 차를 마셔 본 때가 언제인지 기억도 나지 않는다. 상황이 이렇다 보니 모든 생활을 철저히 아이에게 맞춰야 하는 여성은 남성보다 쉽게 지칠 수밖에 없다.

두 번째, 기존의 규칙과 질서가 무너진다. 아이가 태어나기 전을 생각해 보라. 취침 시간과 기상 시간, 식사 시간과 샤워 시간 등 생활의 기본 패턴이라는 게 있었다. 하지만 아이가 태어나면 이 모든 패턴이 순식간에 무너진다. 기본적인 질서와 규칙도 마찬가지다.

아이가 태어나기 전에는 TV 리모컨은 소파 테이블, 물컵은 식탁 위, 베개는 침대 위에 놓여 있었다. 아무리 정리정돈을 못하는 사람이라도 신발은 현관에 벗어 둔다는 불문율은 지킨다. 그런데 아이들은 이 모든 규칙과 질서를 한 번에 무너뜨린다.

부모가 잠시 한눈을 파는 사이 아이는 장난감, 블록, 쏟아진 우유 컵, 아빠의 구두, 학습지를 거실 한가운데 펼쳐놓고는 깜찍한 웃음과 애교 한 방으로 모든 것을 무마시킨다. 어느새 집안은 이성과 논리, 합리와 효율을 무기로 삼는 어른과 본능적·충동적 욕구를 방패로 삼는 아이의 전쟁터가 된다. 그렇다면 과연 이 싸움의 승자는 누구인가? 당연히 본능에 충실한 아이들이다. 말이 통하지 않기 때문이다.

세 번째, 지금까지 듣도 보도 못했던 감정 착취자의 등장이다. 약 올리기 대회, 염장 지르기 대회가 있다면 시상대 맨 위에는 언제나 아이들이 올라가 있을 것이다. 대부분의 아이는 부모의 화를 돋우는 데 천부적인 재능을 가졌다. 자신의 욕구를 관철시키기로 마음먹은 아이들의 모습을 보라. 그들은 마치 전장에 선 장군과 같다. 장난감과 인형의 운명을 책임질 꼬마 장군들의 머릿속은 승리를 쟁취하기 위한 방법으로 가득 차 있다. 엄마에게 초콜릿 하나를 얻기 위해 입안의 혀처럼 굴다가 목적을 달성하면 그 사랑스러움을 초콜릿 봉지와 함께 내던져 버린다.

자녀의 감정을 읽어주고 의사를 존중하며 이성적이고 민주적인 방법으로 아이를 키웠다고 자부하는 부모들조차 떼쓰기, 울기, 물건 집어던지기, 침묵하기, 방문 잠그고 단식 투쟁하기 등을 시작하면 그야말로 멘붕이 온다. 꼼꼼하고 세심한 기억력을 바탕으로 남다른 어휘를 구사하는 여자 아이를 둔 부모는 더욱 그렇다. 이건 아이와 싸우는 건지, 친구와 싸우는 건지 구분이 안 될 정도다. 이런 상황에서 우아하고 고상하고 권위 있는 부모가 되기란 사실상 불가능하다. 사회에서 만난 사람이라면 지금 당장 손절해도 아쉬울 것 하나 없을 만큼 아이는 부모를 감정적으로 힘들게 한다.

마지막으로 부모의 마음은 불안하다. 아이 문제가 아니더라도 엄마의 머릿속은 이삿짐을 싸고 있는 집처럼 늘 복잡하다. 바람 잘날 없는 시댁과 친정, 코드가 맞지 않는 남편, 주식과 부동산으로 벼락부자가 된 친구, 나름 열심히 살았는데 벼락거지가 된 현실, 우리 아이와 동갑인데 벌써부터 영어 원서를 읽는 옆집 아이 등 엄마를 불안하게 만들 만한 요소가 사방에 널려 있다. 이런 심리적 갈등 끝에는 나만 구질구질하게 사는 것 같은, 남들은 모두 행복해 보이는, 부모를 잘못 만나 내 아이만 고생하는 것 같은 상대적 박탈감이 존재한다. 누구는 마른 나뭇가지처럼 앙상한 어깨를 내리누르는 삶의 무게에 휘청거리고 있는데 게임 하나 못하게 했다고 목이 터져라 울어 대는 아이를 보고 있자면 화가 치솟는 게 당연하다.

아이가 삼복더위에 구스다운, 한겨울에 래시가드를 입는 이유

지금까지 부모의 입장만 나열했다면, 이제부터는 아이의 입장을 살펴보자. 아이는 부모를 골탕 먹이거나 화를 돋우려고 일부러 말썽을 부리는 게 아니다. 그저 이성적으로 상황을 판단하고, 상대의 감정을 읽어내고, 문제를 해결할 수 있는 역량이 없을 뿐이다. 인간을 인간답게 만드는 전두엽이 미성숙한 상태이기 때문이다.

전두엽은 생각을 구조화하고 미래를 예측하고 계획하는 영역을 담당하는데, 초등학교 고학년이 되어야 비로소 기본적인 틀이 잡힌다. 그래 봤자 기초적인 규칙과 규범을 이해할 수 있는 수준이다. 취침 시간과 기상 시간에 대한 개념이 생기고 지각과 거짓말을 하지 말아야 한다는 것을 아는 정도에 불과하다. 뇌과학자들은 전두엽이 완성되는 시기를 평균 20대 중반으로 본다.

앞서 전두엽의 영역 가운데 하나가 바로 미래를 예측하고 계획하는 것이라고 말했다. 이는 전두엽이 미성숙한 아이들에게는 내일, 다음, 미래가 없다는 말과 같다. 미성숙한 뇌 덕분에 아이들에게는 오롯이 지금, 이 순간, 현재만 존재할 뿐이다. 삼복더위에 구스다운을 입겠다고 고집을 부리고, 한겨울에 래시가드를 입고 어린이집을 가겠다고 난리 피우는 것도 이런 이유에서다. 이런 아이에게 내년 겨울과 내년 여름은 존재하지 않는다. 내일이 없기 때문에 지금, 오늘의 욕구가 좌절되면 세상이 무너진 듯 울분을 토해 낸다.

수많은 영적 지도자가 이야기하는 카르페디엠carpe diem(호라티우스의 시 〈오데즈Odes〉에 나오는 구절에서 유래한 말로, '지금 이 순간에 충실하라'는 뜻의 라틴어), 즉 '현재에 집중하는 삶'을 아이들은 이미 구현하고 있는 것이다. 이토록 깜찍하고 끔찍한 현자들이 또 어디 있겠는가!

그러나 부모에게는 내일이 있다. 아이를 대신해 미래를 준비해야만 한다. 이를 위해 아이에게 바른 습관을 가르쳐야 하고 제 나이에 맞는 학습도 시켜야 한다. 제대로 된 인간으로 성장시키기 위해 지금 당장 먹고 싶고, 갖고 싶고, 자고 싶은 충동을 억누르는 자기조절력Self-regulation도 길러줘야 한다. 한 마디로 이 시기의 부모와 아이의 힘겨루기는 '오늘만 사는 아이'와 '내일을 준비해야 하는 부모'의 충돌에서 비롯되었다고 할 수 있다.

이때 문제는 부모에게도 요구되는 자기조절력이다.

*

훈육과 화풀이를 구분하는 법

자기조절력이 부족한 미성숙한 부모는 아이를 훈육할 때 제 감정의 무게를 이기지 못해 스스로 휘청거릴 때가 많다. 아이가 부모에게 기대어 정서적 안정을 얻어야 하는데 부모가 오히려 아이를 통해 심리적 안정을 얻는다. 아이의 기분과 태도에 따라 부모의 기분이 달라지는 것이다.

부모는 "나 좋으라고 이러는 거니? 다 너 잘되라고 이러는 거야!"라고 말하지만 사실은 아이보다 부모 좋으라고 요구하는 게 더 많다. 자신의 불안을 잠재우기 위해, 자신의 열등감을 해소하기 위해, 자신의 욕구를 만족시키기 위해 아이에게 무리한 요구를 한다.

아이는 발달 과정에 따라 그에 맞는 선택권과 주도권, 결정권, 통제권을 가지고 싶어 한다. 이 과정에서 하지 말라는 행위에 집착하고, 말도 안 되는 자신의 요구를 관철시키기 위해 작은 투쟁을 벌이고, 사사건건 부모와 갈등을 일으킨다. '아이의 욕구'와 '부모의 요구'가 엇갈리는 순간 통제권과 주도권을 쟁취하기 위한 다툼이 시작되는 것이다.

이 새로운 힘의 역학은 부모를 당황하게 만든다. 눈을 동그랗게 뜨고 말대답을 하며 고집을 피우기 시작하는 아이를 유연하게 다룰 수 있는 부모는 생각보다 많지 않다. 이때 부모는 사랑과 선의, 애정과 관심만으로는 아이를 키울 수 없음을 깨닫고 훈육을 가장한 혼내기에 들어간다. 결국 부모의 입에서 "엄마 말이 말 같지 않아?"라는 소리가 나오고 나서야 상황이 종료되는 것이다. 그런데 '쪼그만 게 어디서…' '벌써 부모를 이겨 먹으려고 하네'라는 생각을 불러오는 아이의 행동은 사실 아이가 매우 건강하게 성장하고 있다는 방증이다. 아이는 제 나이에 맞게 잘 성장하고 있으므로 부모만 제자리를 찾아가면 된다.

대안을 제시하는 훈육, 통제 수단에 불과한 화풀이

아이를 양육할 때 가장 중요한 점은 훈육과 화풀이를 구분하는 것이다. 많은 부모가 아이에게 훈육을 빙자한 화풀이를 하는데, 스스로 이런 사실을 모르는 경우가 많다. 그렇다면 훈육과 화풀이의 차이점은 무엇일까?

훈육은 아이의 말에 귀를 기울이지만 화풀이는 아이의 말에 귀를 닫는다. 공감과 경청의 중요성을 모르는 부모는 없을 것이다. 하지만 막상 문제가 일어나면 아이의 말을 듣기보다는 잘못을 먼저 지적하게 된다. 훈육해야 한다는 강박이 부모의 귀를 막아버리는 것이다. 만약 "도대체 몇 번을 말해야 알아듣겠어!"라는 말로 대화가 마무리되면 이는 훈육이 아니라 화풀이에 불과하다는 것을 깨달아야 한다.

훈육은 아이에게 대안을 제시하지만 화풀이는 아이를 통제하기 위한 수단에 불과하다. 어떤 문제가 생겼을 때 훈육은 아이가 이해할 수 있는 선에서 설명하고 부모가 대안을 제시하는 식으로 흘러간다. 일방적인 명령이 아닌 합리적 설명을 기반으로 아이가 반드시 알아야 하는 '규칙과 규범'을 가르친다.

반면 화풀이는 "안 돼!" "하지 마!" "그만!"이라는 협박성 명령으로 끝이 난다. 이는 '나는 네 행동이 몹시 마음에 들지 않으니 당장 그것을 멈춰'라는 지시에 불과하다. 부모는 잘못된 행동을 금지함으로써 아이를 가르쳤다고 생각하지만 아이는 그저 부모가 소리를 지르며 화낸다고 느낄 뿐이다.

훈육은 각 가정의 상황과 부모의 성향에 따라 일관되게 이뤄지지만 화풀이는 거리의 네온사인처럼 시시각각 변한다. 훈육의 제일 원칙은 일관성이다. 훈육은 합리적으로 일관성 있게 원칙을 지키지만 화풀이는 그런 원칙과 기준 없이 부모의 기분을 따른다.

아이가 과제를 내일 해도 되냐고 물었을 때 "그래, 오늘은 아빠가 기분이 좋으니까 숙제는 내일하고 갈비나 먹으러 가자!"라고 이야기 했다가, 어느 날은 "그렇게 공부하기 싫으면 다 때려치워"라고 화를 내면 아이는 반발심을 가지게 된다. 소유 효과endowment effect 때문이다. 여기서 소유 효과는 어떤 물건을 소유하고 나면 그렇지 않을 때보다 그 물건에 더 높은 가치를 부여하는 심리를 말한다.

예를 들어 아이에게 하루 30분 게임 시간을 허락했다고 하자. 이때 게임 시간을 5분 더 늘려 35분 허용하겠다고 하는 것과 게임 시간을 5분 줄여 25분 허용하겠다고 하는 것 가운데 어느 쪽 반발이 더 크겠는가? 당연히 후자다. 똑같은 5분이지만 마땅히 누리던 것을 빼앗겼을 때의 반발심은 생각보다 훨씬 크다. 이처럼 일관성 없이 부모의 감정에 따라 자녀를 양육하면 아이는 어느 장단에 맞춰 춤을 춰야 할지 몰라 늘 눈치를 보게 된다. 또한 본질에 충실하기보다는 임기응변으로 문제를 해결하려고 든다.

훈육은 어른으로서 품위와 권위를 지켜내지만 화풀이는 부모를 아이로 만든다. 분명 부모는 아이보다 모든 면에서 유리한 위치에 있다. 우위에 선 사람은 그렇지 못한 사람보다 심적으로 여유가 있어야 한다. 스포츠 경기를 봐도 높은 점수를 낸 선수는 여유가 있지만 그렇지 못한 선수는 조급할 수밖에 없다. 협상 테이블에서도 조급한 사람이 지게 되어 있다.

그럼에도 부모와 아이가 의견 충돌을 일으켰을 때 조급한 쪽은 항상 부모다. 여섯 살짜리 아이와 싸우는 부모는 여섯 살처럼 행동하고, 중학교 2학년 아이와 싸우는 부모는 열다섯 살 먹은 아이처럼 행동한다. 아이와 같이 거친 숨을 몰아쉬고 소리를 지르며 발을 동동 구르는 것으로도 모자라 아이와 같은 방식으로 토라지기도 한다. 어른인 부모가 유아기적 표현 방식을 그대로 드러내고 있는 셈이다.

"엄마도 못하면서 왜 나한테만 난리야!"

아이를 키우다 보면 하루에도 몇 번씩 속이 부글부글 끓어오르고 화가 나는 게 당연하다. 가끔 꾸중이 지나쳐 아이의 자존감에 상처를 입힌 건 아닌지, 내가 부모 자격이 있는 사람인지 죄책감이 들기도 하지만 이 역시 부모가 되는 과정 중 하나다.

올바른 훈육은 반드시 필요하며 꾸중의 의도가 순수했다면 야단을 맞은 아이도 크게 상처 입지 않는다. 아이가 부모에게 원하는 건 일방적인 지적과 가르침이 아니라 느리고 서툴고 모든 것이 어색한 자신을 있는 그대로 인정하고, 세상의 속도가 아닌 자신의 속도로 성장할 시간을 달라는 것임을 잊지 말자.

즉흥적, 감정적, 충동적으로 반응하는 것은 아이 하나로 족하다. 화가 날 때는 아이의 행동보다 부모의 감정을 먼저 조절해야 한다. 부모가 자신의 감정을 통제할 수 없다면 머지않아 사춘기를 맞은 자녀로부터 "엄마(아빠)도 못하면서 왜 나한테만 난리야, 나도 아는데 잘 안 된다고"라는 말을 듣게 될지도 모른다.

적어도 부모와 아이 가운데 한 사람은 어른이어야 하지 않겠는가?

*

당하는 아이 vs 당찬 아이

'요즘 아이들'의 문제는 동서고금을 막론하고 인류의 시작과 함께 풀리지 않는 미스터리 가운데 하나다. 고대 그리스와 로마 문헌은 물론이고 조선시대 각종 기록에도 요즘 아이들의 버릇없음과 무례함에 대한 글은 빠지지 않고 등장한다. 그중 가장 유명한 것은 1311년 스페인 프렌체스코회 사제였던 알바루스 펠라기우스Albarus Pelagius가 남긴 글이다.

"요즘 아이들을 보면 정말 한숨만 나온다. (…) 그들은 그릇된 논리로 자기들 판단에만 의지하려고 들며 자신들이 무지한 영역에 그 잣대를 들이댄다. (…) 그들은 하느님에 대한 신앙심으로 성당에 가는 게 아니라 여자를 꼬드기거나 잡담이나 나누려고 간다. 그들은 부모님이나 교단으로부터 받은 학자금을 술집과 파티와 놀이에 흥청망청 써버린다. 결국 집에는 지식도, 도덕도, 돈도 없이 돌아간다."

《한비자》에는 다음과 같은 글이 나온다.

"*今有不才之子, 父母怒之弗爲改 鄕人譙之弗爲動 師長教之弗爲變. 夫以 '父母之愛' '鄕人之行' '師長之智' 三美加焉, 而終不動, 其脛毛不改*(금유부재지자, 부모노지불위개 향인초지불위동 사장교지불위변. 부이 '부모지애' '향인지행' '사장지지' 삼미가언, 이종부동, 기경모불개).
덜 떨어진 젊은 녀석이 있는데 부모가 화를 내도 고치지 않고, 동네 사람들이 욕해도 움직이지 않고, 스승이 가르쳐도 변할 줄을 모른다. 이처럼 '부모의 사랑' '동네 사람들의 행실' '스승의 지혜'라는 세 가지 도움이 더해져도 끝내 미동도 하지 않는 것을 보면 그 정강이에 난 털 한 가닥조차도 바뀌지 않을 것이다."

이처럼 '요즘 아이들'은 언제나 문제였다. 자신의 영역을 침범당하지 않으려는 신세대와 자신의 가치와 신념을 존중받으려는 기성세대의 충돌은 인류 역사가 시작된 이래 반복되어 온 시대적 문제인 셈이다.

요즘 아이들이 싸가지가 없는 이유

"그 아이에게 당한 게 분해서 아직까지 가슴이 벌렁거린다"라고 말문을 연 정민 씨. 일반적으로 상담은 내 아이, 내 남편, 내 가족에 대한 내용이 주를 이룬다. 그런데 그녀는 이례적으로 '남의 아이' 문제를 들고 찾아왔다.

며칠 전 정민 씨가 네 살 된 자신의 아이를 데리고 놀이터에 갔는데, 초등학교 고학년으로 보이는 여자 아이가 미끄럼틀을 독점하다시피 하며 놀고 있었다고 한다. 편의상 이 아이를 A라고 하자.

정민 씨는 A의 놀이가 끝나기를 기다렸지만 10분이 넘도록 아이는 미끄럼틀에서 벗어날 생각을 하지 않았다. 더는 기다릴 수 없었던 그녀가 미끄럼틀로 다가갔다. 그리고 A에게 "같이 노는 곳이니까 순서를 지켜 아기랑 같이 타자"라며 양해를 구한 후 자신의 아이를 미끄럼틀에 올려놓았다.

네 살짜리 아이가 미끄럼틀을 타면 얼마나 빨리 타겠는가. 엄마의 도움으로 간신히 미끄럼틀에서 내려왔는데, 이를 지켜보고 있던 A가 "야, 너 나가!"라고 소리를 치더란다. 아이가 혼자 있는 것도 아니고 엄마인 자신이 버젓이 옆에 서 있는데도 말이다.

"어찌나 기가 막히던지, 순간적으로 화가 나서 저도 말을 곱게 하지는 못했죠."

당황한 정민 씨가 A에게 "이 미끄럼틀이 네 것이니?"라고 물으니

A가 눈을 똑바로 뜬 채 자신을 바라보며 "네, 제 거예요. 한 시간 전부터 제가 맡아놨어요"라고 대답하더란다. 예상치 못한 반격에 할 말을 잃은 정민 씨와 달리, 아이는 하고 싶은 말이 많았던 모양이다.

"아줌마 말대로 모두가 같이 노는 공간이에요. 피해는 내가 아니라 늦게 타는 저 아이가 주고 있는 거라고요."

"…."

기가 막히고 말문도 막힌 그녀는 자신의 아이를 데리고 서둘러 놀이터를 빠져나왔다고 한다. 그런데 생각할수록 화가 치밀고 기분이 나빴다고 했다.

"다시 놀이터로 가서 그 아이와 싸우자니 제 꼴이 우스워질 것 같고… 더 솔직히 말하면 당돌한 그 아이와의 말싸움에서 이길 자신도 없었어요."

종일 들썩이는 마음을 간신히 가라앉혔는데, 그날 저녁 설거지를 하던 중 자신도 모르게 이런 말을 하고 있더란다.

"아니, 그 어린애한테 따끔하게 말 한 마디도 제대로 못하다니, 바보같이 말이야! 그나저나 요즘 아이들은 왜 이렇게 싸가지가 없는 거야. 세상이 어찌 되려고 이래."

아마도 상대가 어른이었다면 정민 씨도 조용히 물러나지는 않았을 것이다. 말다툼을 하든 논리로 맞서든 자신의 불쾌함을 표현했을 테지만 상대가 아이라면 이야기는 다르다. 어른이 아이와 다툴 수도 없고,

그렇다고 남의 아이에게 훈계를 하자니 뒷감당이 걱정이다. 결국 어른답게 상황에 대처하지 못하고 도망치듯 그 자리를 벗어난 찜찜함이 저녁까지 이어진 것이다.

'제 할 말을 당차게' 하는 용기 있는 아이들

놀이터, 키즈 카페, 문화센터 등에서 이와 비슷한 경험을 한 부모가 제법 있을 것이다. 이런 상황에서는 어떻게 대처하는 게 어른스럽고 현명한 행동일까? 내 자식도 제대로 못 가르치는데 남의 자식을 어떻게 가르칠까 싶어 그 자리를 뜨는 게 맞을까, 아니면 아이를 붙잡고 공동생활의 규칙과 어른을 대하는 태도에 대해 구구절절 설명하는 게 옳은 일일까?

이때 필요한 게 바로 역지사지다. '쪼그만 게 어디서 어른에게 대들어!'라는 자동사고, 즉 어른이라는 이름의 완장을 내려놓고 아이의 입장에서 생각해 볼 필요가 있다. 정민 씨가 1차적으로 화가 난 이유는 '내 아이가 피해를 입었다'는 생각 때문이다. 그리고 어른이 뭐라고 하는데도 주눅 들지 않고 당당하게 맞서는 아이의 모습이 2차적 분노를 불러왔다. 잘잘못을 떠나 '어른이 말을 하면 아이는 들어야 한다'라는 고정관념이 분노의 스위치를 올려버린 것이다.

그런데 요즘 가정과 학교에서 우리 아이들을 어떻게 가르치고 있는지를 한번 생각해 보자. 싫은 건 싫다고 당당하게 말하고, 위험에 빠지면 112에 신고하고, 낯선 사람에게 길을 안내해 달라는 부탁을 받으면 주변 어른에게 도움을 요청하라고 가르친다. 아이라고 해서 무조건 어른의 말을 들어야 하는 수동적 존재가 아니라 능동적으로 부당한 상황에 대처하라고 교육한다. 놀이터에서 만난 아이 역시 이런 교육을 받았을 것이다. 자신이 부당하고 느낀 상황을 조리 있게 이야기했을 뿐인데 어느새 A는 버릇없는 아이, 싸가지 없는 아이로 낙인찍혀 버렸다.

모든 아이가 어른이 하는 말에 무조건적인 순종을 보이는 건 아니다. 힘과 권위를 내세우는 어른에게 겁을 먹는 아이도 있지만 개중에는 어른에게 부조리를 따지고 드는 '힘 있는 아이'도 있다. 배운 대로 '제 할 말을 당차게' 하는 용기 있는 아이들이다.

내 아이가 밖에서 "그 녀석, 똑 부러지게 말하네" "아주 당찬 녀석일세" "자기 하고 싶은 말을 조리 있게 다 하네"라는 평가를 받는다고 생각해 보라. 부모로서 흐뭇할 것이다. 가르침을 받은 대로 행동했을 뿐인데 나이가 어리다는 이유 하나로 '나쁜 아이'가 되어야 할 이유는 무엇인가. '당차고 괜찮은 요즘 아이들'이라는 전제로 접근해야 어른답게 이 상황을 해결할 수 있다. 이때 필요한 게 바로 공감이다. 공감의 핵심은 역지사지, 상대의 입장에서 이해하는 것이다.

초등학생도 어린 아이일 뿐

영어 단어 understand의 어원을 알고 있는가? 《재밌는 영어 어원 이야기》를 보면 "understand는 고대 영어 under-(between, among) + standan(to stand)으로, stand in the midst of, 즉 '~의 중간에 서다'라는 뜻이다"라고 설명되어 있다. 단순하게 봐도 under는 '아래에' stand는 '서다'라는 뜻을 가진다. '상대의 사이에 선다는 것' '상대의 아래에 선다는 것'은 최소 상대를 위에서 내려다보는 위치가 아님을 알 수 있다.

놀이터 에피소드의 경우 "이 미끄럼틀이 네 것이니?"라는 말보다 "너도 타고 싶은데 동생이 느려서 빨리 못 타고 있구나. 미안해"라는 말이 먼저 나와야 맞다. 내 아이와 상대 아이 사이에 서서, 내 아이가 상대 아이의 놀이 시간을 방해하고 있음을 인정하는 자세가 필요하다. 이럴 때는 "동생이 미끄럼틀을 너무 타고 싶어 해. 아줌마가 미안한데 동생이 딱 3번만 타고 네가 타면 안 될까?"라고 상황을 설명하고 대안을 제시할 필요가 있다. 그리고 자신의 아이에게도 "언니가 양보해줬으니 3번만 타고 내려오는 거야. 그러고 나서 시소 타러 가기로 약속하는 거다"라고 이야기해줘야 한다. 네 살짜리 아이와 비교하면 초등학생이 언니, 오빠인 것은 맞지만 그들 역시 어른의 보호와 지도가 필요한 어린 아이이다. 내 아이가 어리니까 초등학생이 기다려줘야 한다는 생각은 네 살짜리 아이를 둔 엄마의 입장일 뿐이다. 부정적 감정에 휩싸여 공격적인 상태였던 아이라도 자신의 상황을 읽어주고 합리적 대안을 제시하는 어른을 만나면 얼마든지 긍정적 태도를 가질 수 있다.

"우리 애가 너보다 어리잖아!" "언니가 양보할 줄 알아야지"라는 말은 아이에게 일방적인 배려를 강요하는 것이다. 퇴근길 사람이 미어터지는 지하철에서 간신히 자리를 잡고 앉아 막 잠이 들었는데 할아버지가 다리를 툭툭 치며 "어른한테 자리를 양보해야지"라고 하면 기분이 어떻겠는가. 아이도 마찬가지다. 자신의 입장은 전혀 고려하지 않는 어른의 일방적 요구에 화가 날 수밖에 없다. 본인이 상황을 이해할 수 없는데 어떻게 상대의 요구를 웃으면서 들어줄 수 있겠는가. 그것도 아직 어린 아이가 말이다.

오래전 TV에서 본 한 다큐멘터리가 생각난다. 오지 마을에 할아버지와 할머니, 어린 손주가 살고 있었다. 손주의 유일한 친구는 밤하늘만큼 깊고 함박눈처럼 커다란 눈을 가진 어린 송아지뿐이었다. 그런데 그날따라 무슨 일인지 송아지가 말을 듣지 않았다. 평소 잘 들어가던 우리에 들어가길 거부하며 아이와 힘겨루기를 하는 것이었다.

아이는 송아지를 우리에 넣기 위해 있는 힘껏 엉덩이를 밀어 봤지만 송아지는 꿈쩍도 하지 않았다. 그때 툇마루에 앉아 이 모습을 지켜보던 할아버지가 마당으로 내려와 단 1분 만에 문제를 해결했다. 할아버지가 한 일이라고는 송아지 입에 엄지손가락을 내민 것뿐이었다. 손가락을 어미젖으로 착각한 송아지가 냉큼 그것을 물자 할아버지는 유유히 우리 쪽으로 걸음을 옮겼다. 그렇게 송아지는 아무런 저항 없이 할아버지의 뒤를 따라 자신이 있어야 할 자리로 돌아갔다. 할아버지는 저녁 때가 되어 배가 고팠을 송아지의 심정을 이해하고 이를 이용했던 것이다. 역지사지의 지혜다.

근본 없는 나이 공격은 그만!

솔직히 우리는 밖에 나가 '당하는 아이'보다 '당찬 아이'의 부모이고 싶다. 부당한 상황을 보면서도 외면하고 자신의 이익을 위해 다른 사람에게 피해 주는 것을 두려워하지 않는 아이보다, 강자 앞에서도 옳고 그름을 따질 수 있는 아이의 부모이고 싶다. 요즘 아이들이라서 문제가 아니라 우리와 다른 요즘 아이들이라서 가능한 이야기다.

아이들한테 늘 당당하게 할 말을 하라고 가르치면서 막상 똑 부러지게 할 말을 하는 아이를 보면 우리는 당황한다. 말대꾸는 예의에 어긋난 것이며 어른의 말은 무조건 따라야 한다고 배웠기 때문이다. 참 이율배반적인 현실이다.

이런 상황에서 미성숙한 어른이 대응할 수 있는 방법은 단 하나다. 말대꾸를 한다고 화를 내고 버릇없다고 훈계하는 것이다. 나름 자신의 생각을 이성적·논리적으로 설명하려고 노력하는 아이와 "어린 게" "쥐방울만 한 게" "버릇없이" "어디서 말대꾸야"라며 근본 없는 나이 공격을 일삼는 어른의 대화를 듣고 있노라면 누가 어른이고 누가 아이

인지 구분이 안 될 지경이다. 아이의 그릇은 계속 커지는데 어른의 그릇은 오히려 작아지는 느낌이다.

아이를 주도적으로 키우려면 "밖에서는 주도적으로 살아. 하지만 엄마한테는 그러면 안 돼"라는 이중 잣대를 버려야 한다. 특히 이런 말을 자주 하는 부모는 수동적인 삶의 태도에 익숙해져 있어 주도적이고 능동적인 아이를 벅차게 느낀다. 아이와 대화를 나누다가 논리적으로 밀리거나 자신이 질 것 같으면 "이게 어디서 말대꾸야, 엄마한테!"라는 말로 상황을 종료해 버린다.

아이의 말은 '대답'이지 '말대꾸'가 아니다. 아이 말에 감정적으로 '맞짱'을 뜨지 말고 '맞장구'를 쳐줘야 한다. 그래야만 우리 아이들이 억울하게 당하는 아이가 아니라 용기 있는 당찬 아이가 될 수 있다.

*

'아이다움'을 희생해 얻은 슬픈 트로피

얼마 전 한 쇼핑센터에서 초등학교 저학년 여자 아이와 쇼핑을 나온 한 부부를 봤다. 엄마와 아빠는 아이에게 마음에 드는 신발을 고르라고 말한 뒤 자신들의 구두를 고르기 시작했다. 잠시 후 아이가 마음에 드는 신발을 골랐는지 신이 난 표정으로 부모에게 다가왔다. 하지만 엄마는 아이 손에 들린 신발을 흘낏 보더니 "집에 비슷한 운동화 있잖아"라고 말했다. 아이가 다른 운동화를 골라 와도 마찬가지였다. "그 신발은 불편해서 안 돼" "이제 곧 여름인데 그건 겨울에 신는 거잖아" "이건 바닥이 너무 미끄러울 것 같아" 하는 식이었다.

'도대체 어쩌라는 거지?'라는 생각이 드는 부모의 말에 아이는 얼마나 난감했을까? 아마도 부모는 아이에게 선택권을 줬다고 생각하겠지만, 막상 아이는 자신의 뜻대로 그 무엇도 선택하지 못했다. 주위에서 이런 상황은 쉽게 볼 수 있다.

아이가 친구 집에서 저녁을 먹고 와도 되느냐고 물으면 흔쾌히 허락해놓고, 막상 약속 당일이 되면 "저녁에 네가 좋아하는 돈가스 해주려고 했는데, 친구네 가야 하니 다음에 먹어야겠네"라고 말하는 엄마. 스케치북을 펼쳐놓은 아이에게 "네 마음대로 그려 봐"라고 말한 뒤 결과물을 보며 "그 정도밖에 못 그려?" "저번에 그리는 방법을 가르쳐줬잖아"라고 말하는 아빠가 있다. 부모 자신도 모르게 더블 바인드double bind, 즉 이중 구속 메시지를 전달하는 것이다. 이중 구속 메시지란 상대에게 상반된 메시지, 다시 말해서 두 개의 올가미를 걸어 이러지도 저러지도 못하게 만드는 상황을 말한다.

이쯤되면 아이는 친구 집에서 저녁을 먹으라는 건지 엄마가 해준 돈가스를 먹으라고 하는 건지, 내 마음대로 그림을 그려도 되는 건지 아빠가 가르쳐준 대로 그려야 하는 건지 헷갈릴 수밖에 없다. 이런 상황이 반복되면 아이는 자신이 어떻게 해도 부모가 만족스러워하지 않음을 눈치 챈다. 부모를 만족시키는 방법과 대답을 찾기 위해 늘 동분서주할 수밖에 없다.

연로하신 부모님이 "너희만 잘살면 된다. 우리한테 신경 쓰지 마라"고 해놓고 안부전화가 뜸하다는 이유로 "자식 낳아 봤자 아무 소용없다"라고 한탄하는 것도 마찬가지다. 상대를 생각하는 것처럼 말하지만 결국 '내 마음에 드는 쪽으로' '내가 원하는 방향'으로 결과를 이끌어내기 위해 우리는 이중 구속 메시지를 사용한다. 아이를 위한다고 하지만 결국 부모 자신이 좋고 편한 방향으로 메시지를 전달하는 것이다.

부모의 정서적 보호자를 자처하는 아이들

아이들에게 독립적이고 자율적이며 자기주도적이 되라고 말하면서 막상 자녀가 분리를 시도하면 "네가 그렇게 하면 엄마는 슬퍼" "그렇게 제멋대로 살 거면 이제부터 네 일은 네가 알아서 해" "아빠한테는 너밖에 없는데…"라는 말로 죄책감을 자극해 아이를 제자리에 주저앉히는 부모가 있다. 특히 불안하거나 외로움을 많이 타는 의존적인 부모 밑에서 성장한 아이는 자신도 모르게 부모의 '정서적 보호자'가 된다. 어른의 역할을 대신하는 '부모화된 아이parental children'가 되어버린다. 부모화는 크게 두 가지 방향으로 진행된다. 정서적 부모화와 도구적 부모화가 그것이다.

먼저 정서적 부모화emotional parentification는 아이가 가정에서 갈등의 중재자 역할을 할 때 발생한다. 아이가 적극적으로 나서 부부싸움을 말리거나 부부싸움 후 상처 입은 부모를 위로하는 식이다. 정서적 부모화가 된 아이들은 부모의 기분이 다운되거나 우울하지 않도록 늘 신경을 쓴다. 자신의 욕구나 감정은 뒷전으로 미루고 부모의 기분과 상황에 맞춰 행동한다. 이런 노력을 하지 않으면 집안이 언제든 전쟁터로 변할 수 있기 때문이다.

도구적 부모화instrumental parentification는 아이가 부모 대신 물리적인 노동을 할 때 발생한다. 도구적 부모화가 된 아이들은 어린 나이임에도 능숙하게 집안일을 하고 음식을 만든다. 부모를 대신해 형제나 자매를 보살피거나 조부모를 돌보는 경우도 있다. 우리나라는 특히 여자아이에게서 이런 모습을 많이 볼 수 있는데, 집안일을 잘 돕는 아이가 효녀라는 인식이 강하기 때문이다.

아이가 부모에게 의지해야지 부모가 아이에게 의존해서는 안 된다. 이는 애초에 성립이 안 되는 공식이다. 하지만 너무나 많은 아이가 자신도 모르게 정서적, 도구적으로 부모를 돌보고 있다.

부모 자신도 모르게 진행되는 '부모화의 대물림'

30대 중반의 승희 씨는 늘 기운이 없고 힘들어 보이는 엄마를 위해 어린 나이부터 동생을 돌보고 집안일을 대신하는 걸 당연하게 생각했다. 그녀에게 강압적인 아빠는 두려움의 대상이고 우울한 엄마는 돌봐야 하는 대상이었다. 어린 시절 그녀는 매일 저녁 서로의 잘못을 탓하는 부모의 하소연을 들어주어야 했고, 공포에 떠는 동생을 안심시켜야 했다. 부부싸움을 한 뒤 흐느끼는 엄마에게 휴지를 가져다주고 속상해하는 엄마를 꼭 안고 위로하는 것도 그녀의 몫이었다. 보살핌이 필요한 사람은 부모가 아니라 어린 승희 씨였지만 정작 그녀를 돌봐줄 어른은 없었다. 어느 순간 승희 씨는 엄마가 슬프지 않도록, 아빠가 화내지 않도록 부모가 기뻐할 만한 행동을 골라 하기 시작했다. 자신이 노력하면 엄마와 아빠도 제자리로 돌아가기 위해 노력하리라고 생각했던 것이다. 집안에 어른 노릇하는 사람이 없고 부모가 제 역할을 하지 않으니 어린 승희 씨가 기꺼이 그 역할을 떠맡아 심리적 가장 노릇을 한 셈이다.

"지금 생각해 보면 저는 집안의 소방관이었던 것 같아요. 언제 어디서 일어날지 모르는 불화의 불씨를 조기 진화해야 한다는 생각에 늘 신경이 곤두서 있었어요."

부모의 욕구를 위해 자신의 욕구를 무시하다 보면 아이는 어느 순간 자신의 진짜 욕구를 잃어버리게 된다. 부모의 욕구를 자신의 욕구로 착각하기도 하고, 부모의 욕구를 자기화하여 소화하기도 한다. 이런 아이가 성장하면 자신의 문제만으로 벅찬 상태임에도 부모나 주변 사람의 고민까지 짊어지려고 든다.

어른이 된 승희 씨에게 일곱 살 된 딸이 있는데, 요즘 아이만 보면 부아가 치밀어 오른다. 다른 아이들은 알아서 동생을 챙기고 스스로 숙제를 하고 엄마가 힘들면 설거지도 도와준다는데 자신의 딸은 철이 없어도 너무 없는 것 같다. 아침에 일어나 세수하고 머리 빗고 밥 먹는 것은 물론이고 신발 하나까지 엄마보고 챙겨 달라고 한다. 가뜩이나 저혈압으로 아침에 몸 움직이는 게 힘든 승희 씨에게 딸의 이런 행동이 반가울 리 없다.

"저는 그 나이 때 제가 다 알아서 했거든요. 얘는 누굴 닮아 이렇게 유별난지 모르겠어요. '왜 이렇게 철이 없을까?' '왜 이렇게 나를 힘들게 할까?'라는 생각이 머릿속에서 떠나질 않아요."

"엄마가 장난감 가지고 놀았으면 제자리에 가져다 놓으랬지!" "밥 먹을 때 돌아다니지 말라고 몇 번이나 말해야 알아들어!" 아이가 원망스러운 승희 씨의 목소리는 그 어느 때보다 높아져 있다. 부모 노릇 2회 차가 만만치 않은 탓이다.

게다가 이번 돌봄 대상은 원 부모와 달리 말도 통하지 않고 자신이 원하는 것을 내놓으라고 떼를 쓰기도 한다. 부모를 돌볼 때는 측은지심과 죄책감이라도 들었는데 아이에게는 이런 감정조차 생기지 않는다. 본인은 의존할 사람 하나 없는데 모든 사람이 자신에게 의지하려고만 하니 매사에 짜증이 툭툭 튀어나오는 것이다.

결국 승희 씨는 아이에게 어른스러운 태도, 어른스러운 습관, 어른스러운 모습을 강요하기에 이르렀다. '어른스러운 아이=착한 아이'라는 디폴트 값이 발현된 것이다. 그녀 자신도 모르게 진행되는 부모화의 대물림이다.

아이에게 아이처럼 굴지 말라고?

아이에게 아이처럼 굴지 말라는 것은 어른처럼 행동하라는 말과 같다. 사랑과 보호를 받고 응석과 투정을 부리는 것은 아이가 할 일이지 어른이 할 일이 아니다. 아이는 아이다울 때가 가장 행복하다. 놀이에 정신이 팔려 밥 먹을 시간을 잊어버리고, 세수와 양치질하기 귀찮아 꾀를 부리고, 숙제와 공부가 하기 싫어 온몸을 비트는 게 아이가 할 일이다. 하지만 승희 씨는 놀이가 끝나면 물건을 정리하고, 삼시 세끼 밥을 먹으면 설거지통에 그릇을 가져다놓고, 시간이 되면 숙제와 공부를 알아서 한 후 매일 밤 9시가 되면 잠자리에 드는 아이를 원하고 있다.

아이에게 어른스럽다, 의젓하다, 씩씩하다, 듬직하다, 효녀다, 효자다 등의 칭찬은 진짜 칭찬이 아니다. 특히 첫째 아이에게 이런 표현을 자주 쓰는데 주의할 필요가 있다. 흔히 하는 역할 놀이를 떠올려 보라. 아이는 역할에 따라 의사가 되기도 하고 로봇이 되기도 한다. 역할을 맡은 사람에게는 마땅히 해야 할 임무가 있고 기대되는 행동이 따르기 마련이다.

'어른스러운 아이'라는 역할이 주어진 자녀의 입장을 생각해 보자. 착한 아이, 의젓한 아이라는 역할을 맡은 자녀는 여느 또래들처럼 투정을 부리거나 떼를 쓰지 못한다. 자신의 역할과 맞지 않을뿐더러 주변의 기대와도 어긋나는 모습이기 때문이다. 행여 다른 아이처럼 투정을 부리고 떼를 쓰면 "왜 그래? 엄마 힘들어"라는 반응만 돌아온다. 결국 어른스러운 아이라는 칭찬은 아이다움을 희생해 얻은 슬픈 트로피일 뿐이다.

이런 아이들은 부모에게 의젓하고 든든한 자녀가 되기 위해 아이가 아닌 '애어른'으로 살면서 자신의 욕구와 감정을 드러내지 않는 법을 배우게 된다. 또한 주변의 칭찬과 인정을 받기 위해 어른스러운 모습을 유지하기 위해 애쓰게 된다. 부모에게 사랑받고자 하는 간절한 마음이 말 잘 듣는 착한 아이로 발현되는 것이다.

모든 것은 제자리에 있을 때 가장 빛나는 법이다

인간에게는 누구나 타인으로부터 돌봄과 보호를 받고 싶다는 의존 욕구가 존재한다. 아무리 성공한 사람이라도, 강한 어른이라도 요람처럼 자신을 받아주는 누군가의 존재를 갈구하는 게 인간의 본능이다. 마치 고해성사처럼 잘잘못을 따지지 않고 자신의 모든 것을 무조건적으로 수용해주는 정서적 쉼터를 필요로 한다.

그러나 태어나서 단 한 번도 아이처럼 살아 본 적이 없는 사람, 어린 시절부터 안팎으로 어른 노릇을 해야 했던 사람은 타인에게 의지하거나 의존하는 법을 배우지 못했다. 이들은 누군가에게 듬직하고 믿음직한 사람이 되는 건 익숙하지만 타인에게 도움을 요청하고 의지하는 건 낯설다. 그래서 부모화를 경험한 사람들은 성인이 아닌 자신의 아이에게 정서적으로 의지하기가 쉽다. 자신이 부모 노릇을 했으니 아이 역시 그럴 수 있으리라고 생각하는 것이다.

그래서 이들은 "너희 아빠가 나를 너무 힘들게 해" "엄마 친구는 이번에 외제차를 뽑았다는데 우리는 전셋값 걱정을 하고 있으니 내 신세가 너무 처량하다"라며 배우자나 지인과 나눠야 할 이야기를 아이에게 한다.

특히 아이 앞에서 배우자를 욕하고 비난하는 일은 금해야 한다. 아이를 앉혀놓고 아내가 남편을 무책임하고 자기밖에 모르는 이기적인 사람이라고 묘사하거나, 반대로 남편이 아내를 잔소리가 많고 사치가 심한 사람이라고 이야기할 경우 아이들은 이성에 대해 잘못된 선입견을 가질 수도 있다.

아이는 아이의 자리에, 어른은 어른의 자리에 있어야 한다. 혹, 자녀한테 지나치게 착한 아이, 말 잘 듣는 딸, 믿음직한 아들의 역할을 요구하고 있는 건 아닌지 생각해 보라. 모든 것은 제자리에 있을 때 가장 빛나는 법이다.

*

아이들에게 나타나는 세 가지 공격성

아이를 소유물로 생각하지 않겠다, 아이를 하나의 인격체로 대하고 존중하겠다는 철학으로 자녀를 부모와 동일 선상에서 놓고 대하려는 사람이 많아지고 있다. 그런데 아이와 부모는 애초부터 평등한 관계가 될 수 없다. 국어사전에서 '평등'을 찾아보면 '권리, 의무, 자격 등 차별 없이 고르고 한결같음'이라고 설명한다. 이제 막 초등학교에 들어간 아이가 부모와 같은 책임과 의무를 질 수 있는가?

부모와 아이가 평등하려면 장난감을 사 달라고 마트 바닥에 드러눕는 아이에게 "이놈의 새끼, 너 집에 가서 보자!"라는 말 대신에 "이번 달 카드 값이 300만 원이 나왔어. 80만 원이나 마이너스라고. 이

장난감이 가지고 싶으면 네가 아르바이트를 하든가, 당근마켓을 이용해 저렴한 것을 찾든가 해"라는 대화가 오가야 한다. 애초부터 부모와 자녀 관계에서 평등이라는 공식은 성립될 수 없다는 이야기다.

아이에게 부모는 자신의 생존권을 쥔 절대적 존재다. 그래서 어떻게든 기를 쓰고 부모에게 인정과 사랑을 받으려고 노력한다. 부모 역시 본능적으로 아이의 생사여탈권을 자신이 쥐고 있음을 안다. 그래서 아이를 있는 그대로 인정해주기보다 자신이 원하는 대로 만들려고 한다. '내가 이만큼 하니까 너도 내 노력을 어느 정도 인정해 달라'는 보상 심리가 꿈틀대는 것이다. 어찌 보면 부모와 아이 사이에 일어나는 갈등의 시작과 끝에는 늘 인정 욕구가 있는 듯싶다.

무시당하는 것보다 혼나는 게 나은 아이들

'인정'은 결코 혼자 만들어낼 수 있는 감정이 아니다. 자신이 아닌 타인의 승인이 있어야만 이루어진다. 오죽하면 인정 욕구를 승인 욕구need for approval라고 부르겠는가.

여기 한 아내가 있다. 몇 주 동안 회사일로 바빠 가족에게 소홀했던 게 미안해서 오랜만에 멋진 저녁을 차렸다. 식탁에 차려진 음식을 보며 뿌듯한 것도 잠시, 남편은 음식이 짜다고 투덜거리고 아이들은 먹을 게 없다고 심술을 부린다. 요리를 준비할 때 느꼈던 설레고 즐거운 마음은 순식간에 사라지고 '내가 미쳤지'라는 생각에 짜증이 밀려온다. 가족을 위해 노력했는데 당사자인 식구들이 인정해주지 않으니 화가 나는 것이다.

직장에서도 마찬가지다. 아무리 훌륭한 보고서를 제출해도 상사가 오케이를 하지 않으면 그것은 필요 없는 종잇조각에 불과하다. 결국 인정은 나 자신이 아닌 상대가 승인해줘야 비로소 이뤄진다.

인정받기 위해 우리는 본능적으로 상대의 눈높이와 기대에 맞춘 행동을 한다. 그런데 아이와 어른의 눈높이는 같을 수가 없다. 아이가 아무리 노력해도 부모의 기대를 충족시키기 어렵다. 부모와 약속한 문제집을 다 풀어도 점수가 부족하다고 혼이 나고, 부모를 도와주기 위해 장난감을 정리해도 대충했다고 야단을 맞는다.

절대적인 존재에게서 인정받지 못하면 아이의 마음은 주인 없는 빈집이 되고 만다. 주인조차 들여다보지 않는 텅 빈 마음의 집을 갖게 된다. 그리고 이런 상황이 반복되면 부모의 말에 순종하던 아이들의 마음에 반발심이 생겨난다.

자신의 의지와 태도가 순수하게 받아들여지지 않을 때, 서열과 힘의 논리 아래서 생각이 억압당할 때, 한 마디로 자신의 존재 자체를 인정받지 못한다고 느낄 때 아이들은 자신을 지키기 위해 공격성을 드러낸다. 아이들이 흔하게 보이는 공격성이 몇 가지 있는데, 그 첫 번째가 바로 반항이다.

중학생 우섭이는 하루 네 시간만 잠을 자며 열심히 공부했다. 학교 성적도 상위 5퍼센트에 들 정도로 우수했는데, 안타깝게도 이 아이는 늘 누군가와 비교당해야 했다. 비교 대상은 다름 아닌 학창 시절 수재 소리를 들었던 자신의 아버지였다. 비상한 두뇌를 타고난 우섭이의 아버지는 공부가 세상에서 가장 쉬웠다고 입버릇처럼 말했다. 그러니 하루 네 시간밖에 안 자고 공부하는데도 1등을 못하는 아들을 쉽게 이해할 수 없었다. 친척어른들도 한자리에 모이면 우섭이의 노력을 칭찬하기보다는 아버지의 영광을 떠올리기에 바빴다. 우섭이의 엄마도 명문대 출신이었다. 이처럼 부모의 커리어가 흔히 말하는 넘사벽인 경우 아이들은 무대의 주연이 아닌 조연으로 밀려나기 쉽다.

결국 우섭이는 공부에서 손을 놓고 게임의 세계로 빠져들었다. 게임을 통해 퀘스트를 깨고 미션을 수행하는 과정을 통해 우섭이는 자기 존재를 확실히 드러낼 수 있었다. 우섭이의 수면 시간은 여전히 하루 네 시간이지만 예전과 달리 깨어 있는 시간을 거의 게임하는 데 쓴다. 성적은 바닥으로 곤두박질쳤고, 부모는 "우리 집에서 어떻게 너 같은 아이가 나왔는지 모르겠다"라며 한숨만 쉬고 있다. 하지만 아이의 생각은 전혀 다르다.

"엄마, 아빠한테 무시당하는 것보다 차라리 혼나는 게 나아요. 적어도 제 존재가 있다는 건 알게 되잖아요."

내가 나 자신을 공격한다, 자기불구화

두 번째 공격성은 자기불구화Self-handicapping다. 자기불구화는 타인이 아닌 내가 나 자신을 공격하는 특징을 보인다. 과거 우리는 목숨을 위협하는 동물이나 자연재해, 전쟁, 전염병 등 물리적 위협으로부터 자신을 지켜내야 했다. 현대에 들어 물리적 위협은 거의 사라졌지만 그 자리를 대신한 것이 있다. 바로 심리적 위협이다. 비교와 경쟁, 평가에서 자신의 가치를 증명하고 자존심과 자존감을 지켜야 하는 상황이 도래한 것이다.

어린 시절 긍정적 피드백을 받지 못한 아이들은 자신의 무능함을 숨기고 스스로의 가치와 존중감을 훼손시키지 않기 위해 자기불구화 전략을 사용한다. 자기불구화는 어떤 일을 실행하기에 앞서 스스로 물리적 장애물과 핑곗거리를 만드는 전략이다. 해야 할 일의 성공 가능성이 높지 않다고 판단되는 경우 무의식적으로 실패 장치를 만들어놓는 것이다.

자기불구화는 크게 행동적 자기불구화와 언어적 자기불구화로 구분된다.

행동적 자기불구화가 습관화된 사람은 중요한 일을 앞둔 시점에서 일부러 그 일이 실패할 수밖에 없는 장치를 만든다. 큰 시험을 앞두고 갑자기 친구들과 약속을 잡거나, 면접 시간에 일부러 늦게 도착하는 등 자기파괴적 행동을 한다. 아이들의 경우 시험 범위를 제대로 확인하지 않거나, 시험 당일 일부러 오답 노트를 집에 두고 가기도 한다.

언어적 자기불구화가 습관화된 사람은 시험을 앞두고 "공부를 하나도 못했어"라고 말하거나, "감기 기운이 있어 발표를 망칠 것 같아"라고 이야기한다. 최선을 다해놓고도 타인의 기대를 낮추기 위해 자신의 노고를 숨기는 데 급급해한다. 이런 일련의 말이나 행동은 실패의 원인이 자신이 아닌 외부에 있음을 강조하고 싶은 방어 본능에서 비롯된다. 무능함과 나약함을 들키고 싶지 않은 것이다.

자기불구화가 심한 아이는 일부러 부모의 속을 썩이는 행동만 골라 하기도 한다. 부모의 기대치를 애초에 꺾어 버리려는 전략이다. 이런 아이들은 스스로 말썽꾸러기, 반항아, 문제아, 거친 아이라는 낙인을 찍고 자신의 가치를 하찮게 만드는 데 스스럼없다. "우리 애가 친구를 잘못 만나 저런다" "어릴 때 공부를 잘했는데 집안 형편이 나빠지자 통 마음을 잡지 못한다" "아빠와 사이가 좋지 않아서 방황하는 중이다"라고 부모들이 알아서 핑곗거리를 만들어주기 때문이다.

티 나지 않게 부모를 좌절시킨다, 수동공격성

마지막으로 수동공격성Passive aggression을 발휘하는 아이들도 있다. 은영이는 초등학교부터 고등학교까지 모범생이라는 소리를 들으며 학교에 다녔다. 말씽 한번 부리지 않고 늘 최상위권 성적을 유지했기에 안팎으로 은영이에게 거는 기대가 컸다. 그런데 이게 무슨 일인가! 대학 지원 자체가 불가능한 수능 점수를 받은 것이다. 그야말로 부모와 학교가 동시에 뒤집어졌다.

은영이는 어린 시절부터 웹툰 작가를 꿈꿨다고 한다. 하지만 그녀의 부모는 아이를 검사로 만들고 싶어 했다. 불도저처럼 밀어붙이는 부모를 이길 자신이 없던 은영이는 일부러 수능 답안지에 오답을 적어 냈다. 말 잘 듣는 착한 아이 코스프레를 하며 12년을 버틴 후 결정적인 순간 방향을 틀어 부모의 기대를 완전히 무너뜨린 것이다. 주변의 성화에 못이겨 재수를 결정했지만 은영이는 여전히 부모가 원하는 대학에 입학할 마음이 없다.

수동공격성은 상대가 원하는 것을 별 거부감 없이 들어주는 척하지만 결정적인 순간에 그 바람을 외면하여 상대를 좌절시키는 방어기제다. 수동 공격을 하는 사람은 직접적으로 "No"라고 거절 의사를 밝히지 않는다. 희망고문을 하며 기대를 한껏 부풀려놓고는 갑자기 폭탄을 터뜨려 상대를 당황하게 만든다.

말썽 한번 피우지 않고 순종적이던 아이가 이런 모습을 보이면 부모는 거의 패닉 상태가 된다. 차라리 억울하다며 아이가 울고불고 능동적으로 반항이라도 하면 부모도 같이 펄쩍 뛸 텐데 이런 아이들은 끝까지 수동적인 자세를 고수한다. 무표정한 얼굴로 "죄송해요"라는 말만 기계처럼 반복할 뿐이다.

겉으로는 들어주는 척하면서 '무엇을 요구하든 나는 당신이 원하는 것을 절대 하지 않을 것'이라는 발톱을 숨기고 앉아 있는 아이를 당해 낼 부모는 많지 않다.

*

평균이라는 단어의 함정

20세기 미국을 대표하는 인류학자 마거릿 미드Margaret Mead는 현대 사회에서 자녀 양육이 어려운 이유는 "부모가 정확한 목표를 알지 못하는 데 있다"라고 말했다. 과거 귀족들은 자신의 아이를 귀족으로 키우려는 목적이 있었다. 그래서 아이들의 교육은 가문의 기득권을 지키는 방법과 영토를 관리하는 방법 등에 집중되었다. 양복을 만드는 사람은 아이에게 옷 만드는 기술을, 대장장이는 쇠 다루는 법을 가르치는 것으로 부모의 소임을 다하고자 노력했다. 각자 집안과 환경에 맞는 명확한 양육의 목표가 있었던 것이다.

그러나 현대 사회에 들어서면서 구체적인 양육의 목표가 사라졌다.

그나마 자신의 노력이 보상받고, 신분 상승이 가능했던 1970, 80년대에는 사회적 성공이라는 목표를 가지고 자녀를 양육했지만 요즘은 또 다르다. 평생직장과 평생직업이 사라졌고 조직에 충성하기보다 개성 있는 사람이 대접받는 사회다. 그래서 많은 부모가 자신의 아이만큼은 자유롭게 원하는 것을 하고 살기를 바란다. 문제는 부모 자신이 그런 자유를 누려 보지 못했다는 데 있다. 궤도에서 벗어난 삶을 경험한 적이 없으니 아이에게 새로운 대안을 제시해줄 수 없다. 결국 여느 부모가 그렇듯 안정적이고 이미 검증된 자신이 걸어온 길로 아이들을 이끌어가려고 한다.

육체적·정신적 에너지가 있어야 부모 노릇도 할 수 있다

부모에게 자녀가 어떤 어른으로 성장했으면 좋겠느냐고 물어보면 대부분 "행복한 아이로 자랐으면 좋겠어요" "남들만큼만 살았으면 좋겠어요"라고 대답한다. 그렇다면 지금부터 아이들이 평범하지만 남들만큼 행복하게 살기 위해 어떤 과정을 거쳐야 하는지 살펴보자.

'평범하게 살기 위해' 우리 아이들은 어린 시절부터 조기교육과 사교육에 시달려야 하고, 명문대 입학이 가능할 만큼 좋은 성적을 받아야 한다. 대기업 또는 공무원 명함을 쟁취하기 위해 수많은 경쟁자를 물리쳐야 하고, 그렇게 직장인이 되면 중형차 한 대는 굴려줘야 한다. 일 년에 한 번은 해외여행을 떠나고, 결혼이라도 하면 국민평수라고 불리는 33평 브랜드 아파트를 신혼집으로 장만해야 한다. 아내가 임신하면 상황은 더욱 복잡해진다. 태교 여행, 베이비 샤워, 만삭 사진 등 평범하게 살기 위해 해야 할 것이 너무도 많다.

부모 역시 평범한 삶을 영위하기 위해 같은 과정을 거쳐 왔지만 무슨 이유인지 행복하지가 않다. 그래서 자꾸 이율배반적인 상황이 놓이게 된다. 행복한 아이로 키우고 싶지만 공부는 잘했으면 좋겠고, 독립적인 아이로 키우고 싶지만 말은 잘 들었으면 좋겠다. 대세를 따르자니 양육 철학이 없는 것 같고, 의지대로 키우자니 아이가 뒤처지지 않을까 불안하다.

문제는 또 있다. 현재 양육의 현장 한가운데 있는 부모들은 사교육과 인강이 익숙한 세대다. 인강 세대이니만큼 이들은 육아도 학습한다. 친정이나 시댁, 할머니에게 육아 정보를 전수받기보다는 조리원 동기, 맘 카페 선배들한테서 얻는 정보를 선호한다. 그들은 집안 어른들과 달리 과학적이고 효율적인 방법으로 명확한 커리큘럼을 제시하는 것도 모자라 기출 문제까지 꼼꼼히 제시해주기 때문이다. 선배들의 조언을 기반으로 책과 강연, 유튜브를 통해 최신 육아법, 아이 공부법을 죄다 섭렵했는데 이게 웬일인가! 내 아이에게만큼은 적용되지 않는다. 이 방법, 저 방법을 다 써 봐도 이상하게 아이와 계속 어긋나기만 할 뿐이다. 어디서도 접해 보지 못한 변형 문제의 등장이다.

불안이 아주 좋아하는 먹잇감 죄책감, 자책감, 상실감

내 아이는 책에 등장하는 아이와 같은 아이가 아니다. 그리고 육아는 수학 공식처럼 딱 맞아 떨어지지도 않는다. 아이와 부모의 기질, 성향과 성격에 따라 끊임없는 변주가 필요하다. 초보 부모에게는 절대 쉽지 않은 일인 것이다. 공부는 열심히 한 만큼 그 대가가 돌아오지만 육아는 그렇지도 않다. 그러므로 너무 완벽한 부모를 희망하지 말자.

엄마표 이유식을 만들어 먹이지 못했다고 죄책감을 가질 필요 없다. 힘들게 만든 이유식을 거부하는 아이를 바라보며 스트레스를 받느니 아이가 잘 먹는 시판 이유식을 먹이는 게 낫다. 아이에게 배달 음식을 먹이면 또 어떤가. 엄마가 매일 지친 모습으로 식탁에 앉아 있는 것보다 배달시킨 돈가스를 앞에 두고 아이와 눈을 맞추며 도란도란 이야기를 나누는 게 아이에게는 훨씬 좋다.

육체적·정신적 에너지가 있어야 부모 노릇도 할 수 있다. 내 몸이 지치고 힘들면 아이가 아무리 사랑스러워도 놀아줄 힘이 나지 않는다. 아이의 기분에 공감할 수도 없고 아이의 마음을 읽어줄 수도 없다. 아이는 자신을 바라보고 있는 부모의 시선이 다른 곳으로 향하고 있음을 본능적으로 안다. 습관적으로 "사랑해"라고 말해도 아이에게 그 말이 전달되지 않는 것이다. 그러므로 '다른 사람은 문제없이 해내는데 나만 버거워한다'라는 생각으로 죄책감을 자극하지 마라. 죄책감, 자책감, 상실감은 불안이 아주 좋아하는 먹잇감이다.

*

부모는 종착역이 아닌 환승역이 되어야 한다

초등학생 아이를 둔 엄마들의 불안 요소를 살펴보자. 누구는 학원을 몇 개씩 다니며 무리 없이 선행학습을 한다는데 제 이름 쓰는 것도 어려워하는 아이를 보고 있노라면 가슴 한쪽이 답답해 온다. 지금까지 고수해 오던 본인의 양육 방식에 의심이 가고 '내 아이만 너무 뒤처지는 것은 아닐까' 하는 불안함이 밀려온다. 문제를 해결하기 위해 남편을 붙잡고 이야기해 보지만, 무관심한 남의 편은 "애 좀 그만 잡아"라는 말뿐이다. 이제 엄마가 기댈 곳은 학원밖에 없다.

어렵게 정보를 알아내어 주변 엄마들에게 평이 좋은 학원을 찾아간다. 그런데 그곳에서 위안은커녕 엄마는 더 큰 공포와 마주하게 된다. 학원 관계자는 가뜩이나 불안한 엄마에게 "현재 아이의 수준으로는 레벨 테스트조차 받기 힘들다" "다른 아이들은 이미 초등 선행으로 넘어갔다" "이렇게 하다간 인문계 고등학교 진학도 어려울 것이다"라며 걱정을 가장한 협박 멘트를 날린다. 긴장과 공포, 충격, 불안은 각종 교구와 사교육 시장에서 주로 사용하는 마케팅이다. 그들은 실체 없는 막연한 공포를 자극해 부모의 지갑을 열게 만든다.

나만? 우리 애만? 우리 집만?

충격을 받고 집으로 돌아온 엄마는 '우리 애만 그런 걸까'라는 고민에 빠진다. 우리 애만 안 먹는 걸까, 우리 애만 폭력적인 걸까, 우리 애만 공부하기 싫은 걸까, 우리 애만 늦은 걸까, 우리 애만 친구 문제로 고민하나 등등. '나만?' '우리 애만?' '우리 집만?'이라는 비교의 덫에 갇히는 순간 엄마의 주변은 불안 요소로 가득 차고 만다. 비교는 상대가 없으면 발생하지 않는 감정이다. 상대적 박탈감은 '다른 대상과 비교했을 때 마땅히 자신이 누려야 할, 가져야 할 무언가를 빼앗긴 느낌'을 말한다. 나와 비슷하다고 생각했던 사람이 나보다 많은 것을 가졌다는 것을 깨닫는 순간 상실감과 박탈감을 느끼게 되는 것이다.

예를 들어 자신은 대출금을 갚느라 허리띠를 졸라매고 있는데 친구가 수백만 원짜리 교구를 아무렇지 않게 구입하거나, 어른인 자신도 배워 본 적 없는 승마나 골프, 스키를 아이에게 가르치는 다른 부모들을 보면 상실감을 넘어 무기력함을 느끼게 된다. '나도 다른 사람처럼 경제적인 문제를 걱정하지 않고, 최상의 환경에서 최적의 조건으로 아이를 키우고 싶다'는 간절함이 이런 기분을 들게 만든다. 그리고 비교의 덫은 대부분 부모 자신에게서 끝나지 않고 아이에게로 옮겨 간다.

한 가지 예로 학교에서 돌아온 아이가 100점 맞은 시험지를 꺼내놓았다고 하자. 칭찬받을 기대감에 두 눈을 반짝이며 기다리는 아이에게 엄마가 묻는다.

"네 친구 현수는 몇 점 맞았어? 반에서 몇 명이나 100점 맞았어?"

알랭 드 보통*Alain de Botton*은 《불안》을 통해 "우리에게 가장 견디기 힘든 성공은 가까운 친구의 성공이다"라고 말했다. 맞는 말이다. 우리는 빌 게이츠의 딸이나 일론 머스크의 아들이 받은 성적을 시기하지 않는다. 그들은 부러움과 경탄의 대상이지 질투의 대상이 아니다. 평온한 우리 마음을 요동치게 만드는 것은 갑자기 올라간 옆집 아이의 성적, 돈도 잘 버는데 육아와 요리까지 담당하는 친구의 남편, 신혼집 마련은 물론이고 아이의 교육비까지 지원해주는 동료의 시댁이다.

진정한 양육의 목적

우리는 어린 시절부터 타인과 비교해 자신의 사회적 위치를 확인하도록 교육받아 왔다. 내 위치를 확인시켜 주는 준거집단(개인의 신념이나 태도, 가치, 행동의 기준이 되는 사회집단)은 형제, 자매, 사촌, 친구, 동료 등이다. 분명 비슷하게 출발했는데 누군가 갑자기 부동산으로 갑부가 되거나 부모의 유산을 물려받거나 직장에서 임원으로 승진하면 배가 아프기 시작한다. 아이 문제는 더 그렇다. '누구처럼 영유만 보냈어도 우리 아이가 지금보다 영어를 더 잘할 텐데…' 등의 희망고문이 상실감과 경쟁의식을 불러오는 것이다.

이쯤에서 우리는 양육의 목적에 대해 생각해 볼 필요가 있다. 아이에게 좋은 음식을 먹일 수는 있지만 부모가 아이를 대신해 아파 줄 수는 없다. 아이에게 비싼 과외 선생님을 붙여줄 수는 있지만 부모가 대신 공부해줄 수는 없다. 아이에게 비싸고 좋은 물건을 사줄 수는 있지만 부모가 대신 행복하거나 불행할 수는 없다. 흔히 "돈이면 뭐든지 할 수 있는 세상이야"라고 말하지만 결정적인 순간 부모가 아이에게 해줄 수 있는 건 그리 많지 않다. 결국 아이 스스로 해결하고 버텨내야 하는 것이 인생이다.

양육의 최종 목적은 미성숙한 아이를 제대로 된 어른으로 성장시켜 독립시키는 것이다. 통과의례처럼 지나야 하는 좋은 성적, 명문대 진학은 자립과 독립을 위한 하나의 수단에 지나지 않는다. 그러므로 아이를 통해 부모가 바라는 성과를 내려고 하지 마라. 아이는 환승역처럼 나를 거쳐 갈 뿐 부모와 다른 종착역을 찾아갈 것이다.

chapter2.

아이에게 선택권이 있었다면 과연 나를 부모로 선택했을까?

*

나의 과제를 아이에게 미루지 말 것

어제저녁 여섯 살 된 딸과 마트에 들렀던 영희 씨는 마음이 복잡하다. 마트에서 목격한 한 아이 때문이다. 딸과 함께 과일 코너에서 망고를 고르고 있는데 영희 씨 뒤편에서 짜증이 한껏 묻어난 남성의 목소리가 들려왔다.

"야, 너는 달랑 세 개에 12,000원이나 하는 망고가 먹고 싶니?"

깜짝 놀라 고개를 돌리니 아빠에게 꾸중을 들은 어린 여자 아이가 시무룩한 표정으로 서 있는 게 보였다. 그런데 아이의 시선이 향한 곳은 망고가 아니었다. 해맑은 표정으로 망고를 고르고 있는 자신의 딸을 바라보고 있었던 것이다. 순간 영희 씨는 그 남성에게 '망고, 제가 사드릴게요'라고 말하고 싶었단다.

"형편에 따라 망고가 비싸게 느껴질 수도 있죠. 저도 어릴 때는 핫도그 하나 마음대로 못 먹었어요. 근데 아이가 망고를 먹고 싶은 게 죄는 아니잖아요. 아이가 무안하지 않게 말해줄 수도 있었을 텐데 말이에요. 못 사주는 건 부모 사정이지 아이 사정이 아니잖아요."

망고 더미 옆에서 풀죽은 표정으로 자신의 딸을 바라보는 아이의 모습에서 자신의 어린 시절을 봤다는 영희 씨는 감정이 복받쳐 더는 말을 잇지 못했다.

희망보다 두려움을, 용기보다 체념을 먼저 배운 아이들

어린 시절 영희 씨는 강아지를 키우는 친구가 너무 부러웠지만 "우리 집 형편 잘 알면서 그래" "엄마 돈 없어"라는 말을 달고 사는 부모에게 차마 강아지를 사 달라는 말을 하지 못했다고 한다. 중학교 시절 배가 고파 보이는 길냥이에게 참치 캔 하나를 사서 주었는데, 이를 본 아빠가 "그렇게 쓸데없는 데 쓰라고 용돈 준 줄 알아"라며 골목이 떠나가라 소리를 질렀다고 한다. 한 술 더 떠서 그녀의 아빠는 "고양이는 불쌍하고 이 추운 날씨에 노가다 뛰는 니 애비는 안 불쌍하냐!" 하며 노발대발했다는 것이다.

결국 영희 씨는 희망보다 두려움을 먼저 배우고 용기와 기대보다 상실과 체념을 먼저 익혀야 했다. 자신의 바람과 소망, 계획, 취향 등이 곧 부모에게 부담이 된다는 사실을 안 순간부터 그녀는 자신의 건강한 욕구에 죄책감을 느껴야만 했다. 한 가지 예로 어린 시절 그녀는 자신이 좋아하는 초록색 양말이나 예쁜 팬티 하나를 가져 보지 못했다. 그녀의 엄마에게는 딸이 가지고 싶어 하는 초록색 양말보다 가성비가 더 중요했기 때문이다. 단 100원이라도 저렴한 양말 선택이 먼저였던 것이다. 결국 영희 씨는 다른 사람들에 비해 경험 자본, 취향 자본, 문화 자본이 빈약한 상태로 성장했다.

영희 씨는 중학교 때 처음으로 패밀리 레스토랑을 가 봤다고 한다. 친구 생일파티에 초대받아 그곳에 갔는데 그녀를 놀라게 한 것은 화려한 조명과 예쁜 식기, 생전 처음 보는 맛있는 음식이 아니었다. 너무나 편안하게 그 장소를 이용하는 친구들의 모습이었다. 자신이 처음이라는 사실을 숨기기 위해 전날 밤 레스토랑 이용법을 알아 두었지만 그럼에도 어깨가 움츠러드는 것은 어쩔 수 없었다.

"그곳에 있는 사람들은 어쩌면 그렇게 다 행복하고 아무 근심 없어 보이는지… 우리 집은 누구 생일이나 되어야 동네 고깃집에 가서 삼겹살 한 근 먹을 수 있었거든요."

영희 씨가 바다를 처음 본 것은 대학교 2학년 여름방학 무렵이다. 친구들과 생전 처음 여름휴가를 떠났는데 능숙하게 수영하는 친구, 서핑하는 친구들 사이에서 그녀가 할 수 있는 건 별로 없었다. 신나게 노는 친구들의 모습을 사진으로 찍어주거나 아이처럼 튜브에 몸을 싣고 바다 위를 떠다니는 게 전부였다. 그래서 겨울방학 때 스키장에 놀러 가자는 친구들의 제안을 거절할 수밖에 없었다. 아르바이트를 해야 하는 이유도 있었지만, 신나게 스키를 즐기는 친구들 틈에서 혼자 동떨어져 있어야 할 게 뻔했기 때문이다.

성인이 된 후에도 그녀는 늘 자신의 자리를 찾아 헤맸고 사람들 사이를 겉돌았다. 가장 가까운 가족과도 친밀한 관계를 맺어본 적 없기에 낯선 사람과 원활한 관계 맺기가 쉽지 않았던 탓이다.

이런 사람들은 타인과 관계를 맺을 때 지나치게 방어적이거나 반대로 과도하게 의존하는 경향이 높다. 항상 소외감을 느끼지만 그렇다고 해서 적극적으로 누군가와 관계 맺을 마음도 없다. 타인과 교감하고 은밀한 생각을 공유하는 것이 불편하고 어색하기 때문이다.

"내 아이가 무시당한다잖아!"

영희 씨는 자신의 노력으로 좋은 대학에 입학했지만, 대부분 이런 환경에서 자란 아이는 학업 성취도도 떨어진다. 부모의 보호 아래 다양한 경험을 하고 문제 해결 능력을 키워야 하는데 이 과정이 통째로 생략되어 버렸으니 성인이 되어서도 상황에 대처하는 능력과 적응력이 현저히 약할 수밖에 없다. 얼마 전의 일이다.

영희 씨의 딸이 갑자기 입을 옷이 없다면서 어린이집에 가지 않겠다고 떼를 썼다. 자신의 어린 시절에 대해 보상이라도 하듯 물질적으로 부족함 없이 키운 딸이다. 옷장에 옷이 차고 넘치는데 입을 옷이 없어 어린이집에 가지 않겠다니, 그녀는 딸의 행동을 도무지 이해할 수 없었다. 달래도 보고 윽박질러 보기도 했지만 아이는 여전히 입만 삐죽 내밀고 서 있을 뿐이었다. 참다못한 영희 씨가 "어린이집에 발가벗겨 보내는 것도 아닌데 도대체 왜 그러느냐"라고 화를 내자 아이는 펑펑 울며 말했다.

"나는 드레스가 없잖아. 드레스를 안 입고 가면 친구들이 같이 안 놀아준단 말이야!"

순간 그녀는 항상 저렴한 양말만 골라주던 엄마가 생각났다. 그날 영희 씨는 아이를 어린이집에 보내지 않았다. 대신 아이를 쇼핑몰에 데려가 매일 갈아입을 수 있도록 여러 벌의 드레스를 사주었다.

현재 영희 씨는 내로라하는 부자가 아니지만 그렇다고 해서 경제적으로 궁핍하지도 않다. 다만 마음이 가난할 뿐이다. 마음이 가난한 사람은 시야가 좁아 작은 것에 쉽게 집착한다. 상처에 대한 방어가 높아 한없이 비약적이고, 생존에 대한 의지가 강해 이기적으로 행동하기 쉽다. 휘몰아치는 감정을 다잡지 못해 종종 불안에 끌려다닌다. 영희 씨도 마찬가지다.

그날 저녁 "도대체 무슨 드레스를 이렇게 많이 샀느냐"라고 화내는 남편에게 그녀는 "아이가 무시당한다잖아!"라는 말밖에 하지 못했다. 자신의 행동 원인이 분노인지, 서러움인지, 아이에 대한 미안함인지 정확히 모르기에 아이를 방패로 삼을 수밖에 없었던 것이다.

사회학자 에바 일루즈Eva Illouz는 《감정 자본주의》를 통해 사회계층에 따라 감정 표현 방식에 차이가 나타난다고 말한다. 어린 시절부터 교육적·관계적·문화적·물질적으로 다양한 지원을 받은 사람은 자신의 감정을 정확하고 풍부하게 표출할 줄 알며, 어려운 상황에 처했을 때 이를 상대에게 어떻게 전달해야 하는지 안다고 한다. 개인의 힘으로 해결할 수 없는 문제에 직면했을 경우 누구에게 어떤 방법으로 도움을 청해야 하는지도 정확하게 안다는 것이다. 이를 가능하게 만드는 풍부한 인적 네트워크는 덤이다. 뿐만 아니라 어린 시절부터 주변에 성공한 롤 모델이 많기 때문에 아이의 꿈도 계속 확장된다.

반면 형편이 어려운 가정의 아이들은 롤 모델은커녕 주변에 숙제를 봐주거나 미래에 대해 함께 이야기 나눌 어른이 없다. 부모 또한 당장 먹고사는 문제, 즉 생계에 시선이 고정되어 있기에 아이의 요구에 즉각적이고 민감하게 반응하기 어렵다. 이런 환경은 아이로부터 사람과 사물에 대한 애정, 사랑, 우정, 가족애, 동료애, 일상의 작은 행복 등 소소하지만 결코 놓쳐선 안 될 그 무엇을 놓치게 만든다. 부모의 의도와 상관없이 아이를 방치하거나 정서적으로 학대하게 되는 것이다.

영희 씨도 그랬다. 그녀는 물질적으로 아이를 풍요롭게 키우고 있지만 정서적 가난을 대물림하고 있다. 지금 그녀에게 필요한 것은 키즈 카페를 방불케 하는 아이 방, 여러 벌의 드레스, 영어 유치원이 아니다. 자신이 어린 시절에 배우지 못했던 분별력을 키우는 법, 행동에 책임을 지는 법, 규칙적인 생활을 하는 법, 바르게 소비하고 저축하는 법, 다른 사람의 말을 경청하는 법을 아이에게 가르쳐야 한다. 삶을 질서정연하게 만드는 기본 습관과 태도부터 알려줘야 하는 것이다.

내게 불리한 것을 버리고 유리한 것을 선택하는 힘

마지막으로 물질적으로 어렵다는 이유로 모든 사람이 아이를 방치하지는 않는다. 그러니 경제적 어려움에 대한 화풀이를 아이에게 하지 마라. 부모는 순간적인 분노를 참지 못해 아이에게 소리 지를지 몰라도 아이는 그 공포심을 안고 살아가게 된다. 습관적으로 아이 앞에서 돈 타령을 하는 행위도 멈춰라. 부모는 "돈을 아껴 쓰라는 말이었다"라고 변명하지만 아이에게는 "네게 쓸 돈이 없다" "네게 돈을 쓰는 게 아깝다"라는 말로 들릴 뿐이다. 결국 아이는 돈이 세상의 전부이거나 반대로 돈 때문에 자신의 욕구에 죄책감을 가지게 될 것이다. 아이 앞에서 지속적으로 타인을 비난하거나 신세 한탄을 하지 마라. 아이는 세상에 믿을 사람이 없다고 생각하거나 부모의 비관적 프레임을 짊어지고 살아가게 될 것이다.

아이가 꿈에 대해 이야기하면 "그게 현실적으로 가능할 거라고 생각해?"라고 하거나, 희망에 대해 이야기하면 "돈 버리고 시간 버리는 일이니 그런 건 하지 마라"고 말하는 부모가 있다. 아이가 진로에 대해 이야기하면 "그게 돈이 되겠니?"라고 말하거나 새로운 걸 시도해 보겠다고 하면 "그거 해 봤자 안 되는 일이야"라고 말하는 부모도 있다. 그들은 "전망이 없다" "오르지 못할 나무는 쳐다보지도 마라"는 말로 아이의 도전과 학습의 기회를 원천봉쇄해 버린다. 자신의 인생이 생각대로 풀리지 않는다고 해서 아이의 인생을 한계 짓는 부모가 되어서는 안 된다.

'어린 시절의 나'는 부모가 건네는 무시, 공포, 억압, 소외 등의 감정을 온몸으로 흡수할 수밖에 없었지만 '어른이 된 지금의 나'는 다르다. 내게 불리한 것을 버리고 유리한 것을 선택할 힘이 있다. 그리고 어린 시절 내가 그랬던 것처럼 내 아이 역시 부모인 내가 물려주는 정신적·정서적 자산을 그대로 물려받을 것이다.

내가 부모를 선택할 수 없었듯 내 아이 역시 부모를 선택할 수 없었음을 기억하자. 세상을 원망하고 주변 사람을 비난하고 매사에 부정적인 삶의 태도를 아이에게 물려주고 싶은가? 그렇지 않다면 더 좋은 생각, 더 바른 마음, 더 건강한 행동을 가꿔주기 위한 노력을 해야 한다. 어른이 된 당신에게는 더 좋은 것을 선택할 힘이 분명히 있다.

*

네 덕분에 더 이상 나는 엄마를 기다리지 않아도 돼

희재 씨는 초등학교 시절, 단 한 번도 엄마가 학교 앞으로 우산을 가지고 마중 나온 적이 없었다고 한다. 그녀의 부모님은 동네에서 작은 중국집을 운영하셨는데 아빠는 주방에서 요리를, 엄마는 홀에서 서빙을 담당했다. 집보다 가게에 있는 시간이 절대적으로 많았던 엄마를 대신해 그녀는 어린 나이부터 동생을 돌봐야 했다. 그럼에도 집과 가게가 그리 멀지 않은 곳에 있어서 초등학교에 들어가기 전까지는 엄마의 빈자리를 크게 느끼지 않았다고 한다.

초등학교 1학년 어느 봄날, 때마침 하교 시간에 맞춰 비가 내리기 시작했다. 학교 정문으로 하나둘 도착하는 다른 부모들을 보며 그녀도 막연히 '엄마가 데리러 오겠거니'라고 생각하며 교실에 앉아 있었다. 친구 하나는 예쁜 핑크색 우산을 들고 아빠와 집으로 돌아갔고, 다른 친구는 멋진 자가용을 몰고 온 엄마와 함께 갔다. 하지만 희재 씨의 엄마는 끝내 모습을 나타내지 않았다.

그날 저녁 희재 씨는 우산 두 개를 챙겼다. 그리고 우산 하나는 자신의 책가방에, 남은 하나는 동생의 가방에 넣어 두었다. 퇴근하고 집으로 돌아와 미안함을 전하는 엄마에게 희재 씨는 가방 속 우산을 보여주며 오히려 엄마를 위로했다.

"엄마, 우리 매일 우산 챙겨 다닐 거니까 걱정하지 마."

동생은 가방이 무겁다고 투덜댔지만 희재 씨는 매일 우산을 챙기는 것을 잊지 않았다.

"학교에 있다가 갑자기 비가 쏟아지면 친구들은 막 당황하잖아요. 우왕좌왕하는 아이들 사이에서 침착하게 우산을 꺼내 뽐내듯 펼쳐 들었던 기억이 나요. 그리고 당당하게 학교 운동장을 걸어 나왔죠."

희재 씨는 자신의 아이가 학교에 들어가기 전까지 그 일이 마음의 상처로 남았는지 전혀 몰랐다고 한다. 어쩔 수 없이 물리적인 빈자리는 느꼈지만 항상 자신의 생각과 의견을 물어봐주고, 서툴러도 느려도 괜찮다고 응원해주는 부모가 있었기 때문이다.

아이보다 스트레스에 취약한 부모

그런데 자신의 아이가 학교에 입학한 뒤 이상하게도 비만 오면 마음이 심란했다. 아이를 데리러 가야 한다는 강박으로 직장에 있다가도 반차를 내기 일쑤였다. 그러던 어느 날 일기예보에도 없던 비가 내리기 시작했다. 하지만 그날은 이미 취소 불가능한 거래처와의 미팅이 잡혀 있었다. 전전긍긍하는 그녀를 보며 회사 후배가 말했다.

"선배, 걱정 좀 그만해요. 저는 아이를 한 번도 데리러 간 적이 없어요. 그래도 친구들하고 우산만 잘 쓰고 오던데요."

"우리 애는 한 번도 그런 적이 없어. 내성적이라서 같이 쓰자는 말도 못할 거야."

"좋게 생각해요. 애들도 결핍을 느껴야 창의적으로 큰대요. 우산 대신 다른 것을 찾아 쓰고 올 수도 있잖아요."

남의 일이라고 쉽게 말한다는 생각이 들었다. 잠시 후 마음을 진정시킨 그녀는 아이에게 상황을 설명하기 위해 휴대전화를 들었다. 그런데 희재 씨가 당황스러울 만큼 아이의 반응은 태연했다.

"엄마, 걱정하지 마. 나 아가 아니야. 내가 저번에 지호한테 로봇 빌려줬잖아. 그거 갚으라고 하지 뭐. 아, 근데 엄마! 나 지호 엄마가 태워줄 거니까 지호랑 아이스크림 하나만 먹을게. 끊어!"

부모의 신뢰와 사랑을 먹고 자란 아이는 부모의 생각보다 강하고 대범하며 적응력이 뛰어나다. 부모의 실수를 쉽게 용서하는 만큼 자신의 실수도 툴툴 털어버리는 힘을 가지고 있다. 이런 상황에서 약자는 아이가 아니라 스트레스를 감당하지 못하는 부모다.

포기하는 사람, 안주하는 사람, 극복하는 사람

한 심리학자가 강연 도중 학생들에게 물이 반쯤 든 컵을 들어 보였다. 학생들은 또 뻔하게 '컵에 물이 반밖에 없네?' '컵에 물이 반이나 차 있네'라며 삶을 대하는 방식과 태도를 논하거나, 낙관론자와 비관론자에 대한 설명일 거라고 예상했다. 하지만 학생들의 이런 생각을 뒤엎고 심리학자는 전혀 다른 질문을 던졌다.

"이 물 컵의 무게는 얼마나 될까요?"

학생들은 저마다 자신이 생각한 무게를 대답했는데, 심리학자는 또 전혀 다른 이야기를 시작했다.

"사실 물의 무게는 그리 중요하지 않습니다. 문제는 이 물 컵을 얼마나 오랫동안 들고 있느냐 하는 겁니다."

한 손에 쏙 들어오는 물 컵을 1분 동안 들고 있는 것은 괜찮다. 하지만 한 시간 정도만 들고 있어도 이야기는 달라진다. 이 물 컵을 온종일 들고 있어야 한다고 상상해 보라. 생각만 해도 팔의 감각이 사라지고 마비된 느낌을 받을 것이다. 물의 무게는 전혀 변함없는데 말이다.

우리가 살아가면서 느끼는 스트레스와 걱정은 물 컵에 들어 있는 물과 같다. 그 양이 적고 많음은 그리 중요하지 않다. 우리 앞에 닥친 스트레스를 잠깐 생각하는 것은 별 문제가 되지 않는다. 하지만 일분이 한 시간이 되고, 한 시간이 24시간이 되고, 24시간이 48시간으로 이어진다면 어찌 되겠는가. 우리는 아무것도 할 수 없는 상태가 될 것이다. 그러므로 당장 물 컵을 내려놓듯 스트레스를 털어버리는 노력을 해야 한다. 이를 위한 가장 좋은 방법은 역경 지수AQ, Adversity Quotient를 높이는 것이다.

지능 지수IQ, Intelligence Quotient와 감성 지수EQ, Emotional Quotient가 아무리 높아도 역경을 헤쳐 나갈 힘이 없으면 작은 스트레스에도 쉽게 주저앉을 수밖에 없다. 역경 지수라는 개념을 제시한 커뮤니케이션 전문가 폴 스톨츠Paul G. Stoltz는 역경을 등산에 비유하며 난관을 헤쳐 나가는 유형을 다음 세 가지로 구분했다.

첫 번째, 퀴터quitter(포기하는 사람)다. 퀴터는 산을 오르다가 난관을 만나면 바로 등반을 포기하고 하산을 결정한다.

두 번째, 캠퍼camper(안주하는 사람)다. 캠퍼는 산에 오르다가 뜻하지 않은 장애를 만나면 극복하려는 의지도 회피하려는 생각도 없이 그 자리에 안주하려고 든다.

세 번째, 클라이머climber(극복하는 사람)다. 클라이머는 자신이 앞장서서 어려움을 극복하는 것은 물론, 포기하고 안주하려는 사람까지 격려하며 역경을 헤쳐 나간다.

부모라면 누구나 자신의 아이를 클라이머, 즉 역경을 극복하는 사람으로 키우고 싶을 것이다. 그래서 아이에게 다양한 경험을 쌓아주기 위해 많은 노력을 한다. 한 가지 예로 낯가림이 심하고 겁이 많은 아이의 행동을 고쳐주겠다면서 무조건 앞으로 내모는 부모가 있는데, 이는 그리 권할 만한 행동이 아니다. 앞에 나서거나 질문하는 것을 두려워하는 아이라면 무조건 앞세우기보다, "내일 선생님께 ○○을 물어보는 게 어떨까? 엄마도 모르는데 친구들은 더 모르지 않을까? 누가 대신 물어봐 주면 되게 고마울 것 같은데"라는 식으로 용기를 북돋고 아이에게 선택할 시간을 주어야 한다. 누군가에게 도움을 주었다는 경험은 아이에게 엄청난 힘이 된다. 이런 작은 성취가 쌓이면 아이는 머지않아 꼬마 클라이머가 될 것이다.

아이가 언제든 돌아갈 수 있는 베이스캠프가 돼라

역경 지수가 높은 아이 뒤에는 든든한 부모가 버티고 서 있다. 희재 씨의 아들 역시 마찬가지다. 그녀의 아들은 엄마가 자신의 든든한 베이스캠프라는 것을 안다. 산에 오르다가 포기하거나 도망치고 싶을 때, 누군가에게 상처를 입고 안전한 곳으로 숨고 싶을 때, 가는 도중 길을 잃어 "내가 가고 있는 방향이 맞나요?"라고 묻고 싶을 때 언제든 찾아갈 수 있는 베이스캠프. 이때 부모가 할 일은 베이스캠프에서 어느 정도 기운을 차린 아이가 다시 도전하기 위해 짐을 꾸릴 때 묵묵히 도와주고 뚜벅뚜벅 걸어가는 뒷모습을 바라보며 응원해주는 것뿐이다.

아이에게 든든한 베이스캠프가 되기 위해서 부모는 무엇보다 자신의 묵은 감정, 오래된 스트레스를 해소할 필요가 있다. 그래야만 자신의 상처를 아이에게 투사하지 않는 건강한 어른으로 거듭날 수 있다.

마지막으로 어린 시절의 자신과 화해를 결심한 희재 씨는 졸업한 지 30년이 넘은 초등학교를 찾았다. 그리고 여전히 혼자 교실에 남아 엄마를 기다리고 있는 어린 자신에게 다가갔다. 그녀는 어린 희재를 보며 더는 엄마를 기다리지 않아도 된다고, 더는 부모의 손을 잡고 집으로 돌아가는 친구들의 뒷모습을 쓸쓸하게 바라보지 않아도 된다고, 이제는 비가 그쳤으니 그곳에서 나와 햇볕이 내리쬐는 운동장으로 함께 걸어가자고 화해의 악수를 청했다. 희재 씨는 그렇게 5월의 햇살을 가득 품은 운동장을 걸어 나오며 어린 자신에게 마지막으로 감사인사를 전했다.

"고마웠다, 희재야. 네 덕분에 이제 나는 더 이상 엄마를 기다리지 않아도 돼."

*

아이의 모습에서
나를 발견하는 순간

열 손가락 깨물어 안 아픈 손가락이 없다고 하지만 분명 덜 아픈 손가락은 있다. 부모라고 해서 모든 아이에게 똑같은 사랑과 애정을 주지는 못한다. 내 배 아파서 낳은 자식이지만 분명 덜 사랑하고 더 미워하는 아이가 있을 수 있다는 이야기다. 부모가 미처 해결하지 못한 감정과 상처를 아이에게 투사하는 경우에는 더욱 그렇다.

본인이 첫째라서 늘 양보와 배려, 어른스러움을 강요받았던 한 엄마는 자신도 모르게 둘째를 밀어내고 첫째를 편애했다. 또 다른 엄마는 작은 일에도 울음보를 터뜨리는 아이만 보면 가슴이 답답하다고 했다. "도대체 왜 울어! 우는 이유가 뭐야! 말을 해야 할 거 아니야?"라며 화를 내기도 하고 "우리 ○○이 친구 때문에 속상했구나. 괜찮아. 속상할 땐 울어도 돼"라고 위로하며 꼭 안아줘도 아이는 그저 울기만 했다. 어떻게 해도 자신이 우는 이유조차 제대로 설명하지 못하는 아이를 보면 그녀는 속이 터진다. 그녀 역시 화나고 억울한 상황에서 본인의 감정을 제대로 전달해 본 적이 없기 때문이다. 자신의 의지와 상관없이 늘 눈물이 먼저 나서 그 상황을 도망치듯 벗어나기 바빴다고 한다. 그러고는 집에 돌아와 '그때 왜 이런 말을 하지 못했을까?' '왜 이렇게 받아치지 못했지?'라며 매일 후회한다고.

아마도 그녀는 자신의 모습과 아이의 모습이 겹쳐 보이는 순간부터 아이가 불편하게 느껴지기 시작했을 것이다.

아이가 입을 다물었다고 해서 할 말이 없는 건 아니다

그 누구에게도 들키고 싶지 않은 자신의 약점이나 마주하고 싶지 않은 자신의 모습이 눈앞에서 실시간으로 상영되고 있다고 생각해 보라. 부모한테서 받은 충격적인 말이나 행동, 애정과 사랑을 갈구하던 자신의 모습을 자녀를 통해 다시 본다고 상상해 보라. 그렇게 싫었던 엄마의 말이나 아빠의 행동을 내 아이에게 되풀이하고 있음을 깨닫거나, 상처받고 서럽게 울고 있던 자신의 어린 시절 모습을 자녀에게서 발견하는 건 그리 유쾌한 경험이 아니다. 결국 이 불편한 감정을 감당하지 못하는 부모의 무의식이 자신도 모르게 아이와 심리적 거리두기를 하게 만든다. 아이를 정서적으로 밀어내려 드는 것이다.

수연 씨의 아들 민수는 현재 초등학교 2학년이다. 민수는 어린 시절부터 산만하고 집중력이 부족해 유치원에서도 많은 지적을 받았다. 그런데 초등학교에 입학한 후 문제가 더 심각해졌다. 수업 시간에 좀처럼 집중하지 못했고 친구들 사이에서도 자꾸 다툼을 일으켰다.

"제가 사람들하고 관계 맺는 것을 어려워해요. 민수가 그걸 닮는 것 같아서 너무 속상해요."

그녀는 친구들 사이에서 소외당하는 아들이 어린 시절 자신과 같다면서 마음이 아프다고 했다. 문제는 아이에 대한 안쓰럽고 안타까운 마음이 다그침으로 표현되기 시작했다는 것이다.

"수업이 끝나고 친구들과 축구하기로 했는데 민수가 약속을 잊어버렸나 봐요. 기다리던 친구들이 난리가 난 거예요. 민수가 축구공을 가지고 있었거든요. 어휴!"

"아휴, 약속을 잊어버린 게 아니라니까!"

"학교에서 아끼는 연필을 잃어버렸는데, 그걸 찾느라고 약속을 잊어버린 거예요. 어휴!"

"아휴, 나는 연필을 찾고 나서 축구를 하려고 한 거야."

"연필은 나중에 찾아도 되잖아. 친구들과의 약속이 먼저라고 몇 번을 이야기해. 어휴!"

"아휴, 약속을 안 지키려고 한 게 아니라니까."

"애가 왜 이렇게 한숨을 쉬어. 어휴!"

"아휴, 엄마도 맨날 한숨 쉬면서…."

거친 결을 가진 물건이나 사람이 곁에 있으면 물리적으로든 정신적으로든 상처를 입게 된다. 정서적인 결 가운데 으뜸은 '말의 결'이다. 부모는 화날 때 이를 억누르고 이성적이고 논리적으로 이야기한다고 생각하지만 직설적으로 쏘아붙이는 공격적인 말보다 추임새처럼 곁들인 '무언의 말', 즉 말투나 제스처가 더 큰 상처를 주는 경우가 많다. 앵그리버드처럼 끝이 올라간 눈썹, 쏘아보는 눈길, 습관적인 한숨 등이 바로 그렇다. 민수 역시 엄마의 습관적인 한숨에 이미 많은 상처를 받은 듯했다. "엄마도 맨날 한숨 쉬면서…"라는 말을 끝으로 아이가 입을 다문 것을 보면. 수연 씨는 '이때다' 싶었는지 자신의 답답함을 토로하기 시작했는데, 아이가 입을 다물고 있다고 해서 할 말이 없는 건 아니다.

사랑하는 만큼 허용하고 미워하는 만큼 거부하는 게 인간의 심리다. 미워하는 마음이 커지면 그만큼 아이에게 인색해지고 지나치게 가혹한 잣대를 들이댈 수밖에 없다. 그래서일까? 수연 씨는 민수가 바로 옆에 앉아 있음에도 마치 아이가 존재하지 않는 것처럼 행동했다.

어리다는 이유로, 판단이 미숙하다는 이유로, 느리고 주의력이 산만하다는 이유로, 말이 많고 극성스럽다는 이유로, 부끄러움과 수줍음이 많다는 이유로 얼마나 많이 아이들을 소외시키는지 생각해 보라. 이런 상황에서 아이는 아마도 면전에 대고 스펙이 마음에 들지 않는다고 비아냥거리는 면접관 앞에 앉아 있는 기분이 들 것이다.

다른 사람도 아닌 부모가 주도적으로 아이에게 이런 고통을 줘서는 안 된다. 아무리 결점이 많은 아이라도 '아이'라는 이유 하나로 충분히 사랑받고 보호받을 권리가 있다.

제 나이에 맞는 행동을 했을 뿐인데…

'산만한 아이' '집중을 못하는 아이' '자기만의 세계가 강한 아이' '느린 아이'라는 프레임에 갇힌 아이들은 불리하거나 억울한 위치에 놓이는 경우가 많다. 이때 부모는 잘못을 지적하기보다는 아이의 편을 들어주어야 한다. 만약 누군가의 오해에서 비롯된 갈등이나 잘못임에도 불구하고 부모가 아이를 먼저 다그치면 아이는 '아무도 나를 믿어주지 않는다'는 절망감에 사로잡힌다.

특히 부모가 상황을 제대로 파악할 수 없는 외부에서 문제가 생겼을 경우, 상대가 아닌 아이의 편에 서서 상황을 점검하고 대처하는 게 옳다. 수연 씨처럼 남의 시선에 예민하게 반응하는 부모, 엄격한 부모, 민폐 끼치는 것을 극도로 경계하는 부모는 지나치게 상대를 배려하고 자신의 아이를 단속하려고 든다. 그런데 말이다. 아이의 잘못을 지적해주는 사람은 부모가 아니라도 주변에 차고 넘친다. '선 공감, 후 지적'을 해도 결코 늦지 않다.

수연 씨가 민수에 대해 이해해야 할 부분이 하나 더 있다. 타인과의 관계 맺음은 이해와 공감을 기본으로 한다. 하지만 민수는 아직 타인을 먼저 생각하고 배려할 만큼 전전두엽이 성장하지 못했다. 따라서 주변이 아닌 자기 자신을 먼저 챙길 수밖에 없다. 아이가 무언가에 집중하고 있을 때 이런 현상은 더욱 심해진다. 민수에게는 축구보다 잃어버린 연필이 더 중요했던 것이다. 이런 상황에서는 아무리 혼을 내도 아이에게 먹히지 않는다.

제 나이에 맞는 행동을 했을 뿐인데 '약속을 지키지 못하는 아이' '혼날 짓을 하니까 혼나는 아이'라는 비난을 들으면 아이는 일그러진 자아상을 가질 수밖에 없다. 모든 문제의 원인을 '내가 한심해서' '내가 부끄러움이 많아서' '내가 용기가 부족해서' '내가 나쁜 아이라서' 한 마디로 '내가 부족한 아이라서'로 돌려버리게 된다.

사랑과 미움은 종이 한 장 차이

사랑과 미움은 종이 한 장 차이다. 사랑의 감정이 한순간 미움이나 증오로 바뀌는 것을 심리학에서는 카타스트로피 이론*Catastrophe* theory(카타스트로피는 돌연히 나타나는 광범위한 큰 변동, 예를 들면 전쟁에서 비롯된 재해나 파국, 종말을 뜻함), 즉 파국 이론이라고 부른다. 아이를 키우면서 부모는 이런 순간을 끊임없이 맞게 된다. 그 어떤 부모라도 24시간, 365일 아이를 온전한 사랑으로 대하는 것은 불가능하다.

아이를 사랑하는 만큼 미움과 실망도 커지는 법이다. 또 미워지는 만큼 아이를 사랑하기에 부모는 가슴이 아프다. 아이가 미워지면 '나는 부모로서 자격이 없어'라고 죄책감을 갖는 대신 '내가 그만큼 아이를 사랑하는구나'라고 생각하자. 그리고 오늘 미움의 크기가 50이었다면 내일은 45로 줄이는 것을 목표로 삼자. 무의식이 아이를 밀어내려고 하면 부모가 의식적으로 아이를 다시 안아주면 된다. 물리적 행동으로 심리적 거리를 줄이는 방법이다.

"남에게 준 것은 언젠가는 반드시 되돌려받는다. 삶은 부메랑이다. 우리의 생각과 말, 행동은 언제가 될지는 모르지만 틀림없이 되돌려받게 되어 있다. 그리고 그것들은 희한하게도 우리 자신을 명중시킨다"라는 격언을 떠올린다면 이런 노력이 그리 어렵지 않을 것이다.

*

부모라서 느끼는 양가감정

우리나라 부모들, 특히 엄마들에게는 기본적으로 '내 탓이오'라는 DNA가 있는 듯하다. 아이가 아파도 내 탓이고, 아이가 공부를 못하거나 산만해도 내 탓이고, 아이가 눈치 없어도 내 탓이고, 집안이 지저분해도 내 탓이고, 하다못해 출산 후 회복되지 않는 몸매도 내 탓이라고 말한다. 아이는 환절기니까 감기에 걸리고 집중력이 부족한 나이여서 산만한 것이다.

아이 뒤치다꺼리를 하느라 화장실조차 마음 편하게 못 가는 상황에서 몸매 관리를 위해 매일 운동하고 저탄고지 식단을 챙기는 건 그야말로 드라마에서나 가능한 일이다. 물론 이 모든 것을 척척 해내는 사람도 있는데, 그건 그만큼 에너지가 많다는 의미다.

경제적인 환경도 무시할 수 없다. 누구는 마사지를 받거나 골프 레슨을 받을 때 또 다른 누구는 통장 잔고를 걱정해야 하는 게 현실이다. 누구는 비트코인과 주식, 부동산으로 돈벼락을 맞을 때 또 다른 누구는 아이 학자금과 부모님 병원비를 마련하기 위해 뛰어다녀야 한다. 그럼에도 우리는 왜 환경이 아닌 '내 탓'을 하는 걸까?

'네 탓이오'를 만드는 투사, '내 탓이오'를 만드는 내사

부정적 감정을 회피하기 위해 자신의 실수나 실패의 원인을 다른 사람 탓으로 돌리는 심리를 투사projection라고 한다. 반대로 자기 잘못도 아닌데 모든 실패의 원인을 본인에게 돌리는 심리를 내사introjection 또는 내재화라고 부른다. 내사가 습관화된 사람은 분노, 불안, 죄책감, 우울감 등을 카드 마일리지를 쌓듯 차곡차곡 마음속에 담아둔다. 그리고 기회가 있을 때마다 잘못을 자기 탓으로 돌리며 자학하고 자책한다. 이런 왜곡된 사고와 감정은 내가 나를 스스로 공격하게 만드는 좋은 먹잇감이다. 타인을 미워하고 공격하고 싶지만 그럴 용기가 없어 자기 자신을 공격하는 것이다.

습관처럼 '내 탓이오' 하는 사람은 자신을 하찮게 여기는 경향이 강하다. 그래서 타인의 칭찬도 있는 그대로 받아들이지 못한다. 만약 당신이 미워하는 누군가를 다른 사람이 칭찬하고 있다고 생각해 보라. 그 칭찬이 곱게 들리지 않을 것이다. 나 자신도 마찬가지다. 내가 나를 미워하는데 누군가의 칭찬과 위로, 격려와 이해의 말이 곧이곧대로 들리겠는가? 더 큰 문제는 따로 있다. 자신을 미워하고 공격하는 마음이 또 다른 누군가에게로 전이된다는 것이다.

민정 씨의 아들 석진이는 올해 다섯 살이다. 얼마 전 아들이 다니는 유치원 친구 생일 파티에 초대받아 함께 참석했는데, 그곳에서 민정 씨는 석진이의 새로운 모습을 보았다. 아들이 테이블 위에 놓여 있는 요구르트를 집으며 "친구야, 나 이거 먹어도 돼?"라고 묻더니, 블록 쌓기를 하는 또 다른 친구 옆에 앉아 "친구야, 나 같이 놀아도 돼?" 하며 눈치를 보는 것이다. 그러고 보니 친구들과 어울린다기보다 꽁무니만 졸졸 따라다니는 것 같기도 하다. 그녀는 눈칫밥을 먹고 자란 자신 때문인가 싶어 가슴이 덜컥 내려앉았다.

그날 저녁 집으로 돌아오는 차 안에서 민정 씨는 아들에게 자신의 속상한 마음을 드러냈다.

"너, 바보야? 왜 친구들이 하자는 대로만 해! 왜 바보처럼 따라다니느냐고! 어휴, 내가 속상해서 정말!"

태어나서 지금까지 양보와 배려라면 신물 나게 해 왔던 자신이 아니던가. 민정 씨는 아들이 자신처럼 살지 않기를 바랐다. 언제 어디서든 손해 보지 않고 자신의 몫을 챙기는, 친구들 사이에서도 끌려다니기보다는 관계를 주도하는 리더십 있는 아이가 되기를 원했다.

민정 씨의 마음을 모르는 바 아니지만 석진이는 이제 겨우 다섯 살이다. 관계의 주도권을 생각하고 이해타산을 따질 수 있는 나이가 아니라는 말이다. 그저 또래 친구와 함께 있는 게 즐거운 아이일 뿐이다.

부모를 걱정시키는 아이들의 문제행동은 학습과 성장 그리고 또래와의 교류를 통해 바른 방향으로 수정된다. 아이들은 친구들과 새로운 관계를 맺으며 상호작용과 의사소통의 기술을 배우고, 유치원이나 학교에서 해야 할 것과 하지 말아야 할 것을 익힌다. 일례로 여러 아이가 모여 블록을 쌓고 있다고 하자. 어른의 눈에는 단순한 놀이처럼 보이겠지만 이 아이들은 지금 그 안에서 수많은 모험과 도전, 성공과 실패를 경험하고 있다. 자신들이 만들어놓은 암묵적 규칙을 기반으로 문제를 해결하고 위기를 극복해 나가는 과정을 터득하고 있는 셈이다. 결국 우리 아이들에게 필요한 것은 시간이지 부모의 독촉이나 공격이 아니다.

초대받지 못한 손님, 환영받지 못하는 존재

민정 씨는 요즘 보기 드문 대가족 아래서 성장했다. 할머니, 할아버지, 엄마, 아빠와 세 동생까지 총 여덟 식구가 한 집에서 살았다. 가부장적인 아빠는 어린 민정 씨에게 맏이로서의 책임감을 강요했고, 남아선호 사상이 강했던 엄마는 종종 "첫째가 계집애라서 틀려먹었어. 저게 고추를 달고 나왔어야 하는데"라고 말했다. 민정 씨는 맏이라서, 아들이 아니어서 부모는 물론이고 조부모의 눈치까지 봐야 했다. 매일이 살얼음판이었다.

어렸을 때 그녀는 저녁 밥상에 계란프라이가 올라오면 눈으로 그 개수를 셌다. 그리고 식구 숫자보다 계란이 적으면 그 접시는 아예 쳐다보지도 않았다. 자기 몫이 없다고 생각했기 때문이다. 그런데 남동생은 달랐다. 동생은 밥상에 계란프라이가 올라오면 재빨리 두 개를 집어 자신의 밥그릇 위에 놓았다.

그러던 어느 날 계란프라이 때문에 동생과 다툼이 일었다. 이 모습을 본 엄마는 버럭 화를 내며 "나이가 몇 살인데 그깟 계란프라이 하나로 이 난리를 피우는 거야. 그것도 밥상머리 앞에서! 누나가 되어가지고 동생한테 그 정도도 양보를 못 해!"라고 소리를 질렀다. 그녀의 나이 열두 살 때의 일이다.

민정 씨는 성인이 되어 독립하기 전까지 "다 큰 애가…" "맏이가 되어가지고…" "동생들 앞에서…" "계집애가 어디서…" "여자애라서 쓸모가 없어"라는 말을 반복적으로 들어야 했다.

그녀는 가족들 사이에서 초대받지 못한 손님 같은 기분을 느낀다고 했다. 초대받지 못한 손님이라는 불안, 환영받지 못하는 존재라는 위협은 누구에게나 큰 공포다. 차라리 낯선 사람들과의 모임이라면 바쁜 일을 핑계로 빨리 벗어나기라도 하겠지만 가족 모임은 그렇게 하기도 어렵다. 너무 일찍 일어나면 부모님이 기분 나빠 하고, 너무 늦게 일어서면 가족들이 불편해한다.

"엄마의 기대처럼 고추를 달고 태어나지 못한 제 잘못이죠, 뭐. 제가 장녀가 아니라 장남이었으면 대우가 달랐을 거예요. 하지만 그 시대는 다 그랬잖아요, 다른 집 딸처럼 능력이라도 출중했으면 좋았을 텐데 그러지도 못했고요. 결국 부모님을 만족시키지 못한 제 탓이죠. 그런데 선생님, 아이를 낳고 보니 딸이라는 이유로 차별하고 모질게 대한 부모님이 좀 원망스럽기도 해요."

정서적 폭력의 대물림을 만드는 가족 투사 과정

가족치료 이론을 주장한 미국의 심리학자 머레이 보웬Murray Bowen은 가족 사이에서 이뤄지는 정서적 폭력의 대물림을 '가족 투사 과정family projection process'으로 표현했다. 가족 투사는 말 그대로 가족 구성원의 갈등을 다른 사람, 특히 구성원 가운데 최약체인 아이에게 돌리는 것을 말한다. 가족 구성원 가운데 최약체였던 민정 씨가 부모의 분노 해소용 먹잇감이 되었던 것이다.

부모의 불행한 결혼생활을 보고 자란 민정 씨는 자신의 인생에서 결혼이라는 단어를 지웠다. 그녀에게 '부부' 또는 '결혼'은 '싸움'이라는 단어를 가장 먼저 떠올리게 했기 때문이다. 하지만 다행스럽게도 민정 씨는 자상하고 따뜻한 남성을 만나 결혼했다. 아버지와 정반대인 남편과는 별 문제가 없었다.

문제는 민정 씨가 기질적으로 순하고 남자 아이답지 않게 공감능력이 뛰어난 그래서 배려와 양보가 몸에 배어 있는 석진이를 보기 불편해한다는 데 있다. 아이를 잘못 가르친 것 같아서, 움츠리며 살아온 자신을 닮은 것 같아서 아이만 보면 불안해지는 것이다.

아이를 바라보며 느끼는 사랑과 미움, 죄책감과 불안, 안쓰러움과 분노는 부모이기에 느낄 수 있는 양가감정이다. 자신을 낳아준 부모에 대한 마음도 똑같다. 상처를 주고 자신을 인정해주지 않은 부모에 대한 원망과 미움도 있지만 가슴 한쪽에는 낳아주고 길러준 것에 대한 감사함이 동시에 존재한다. 그 마음이 이해되기에 더 밉고, 이해할 수 있기에 더 큰 죄책감을 느끼는 것이다.

'K-장녀(Korea+장녀)'라는 말이 있다. 가정에서 자신을 희생하거나 감정적으로 억압받으며 살아온 대한민국 장녀를 의미하는 신조어다. K-장녀의 아픔을 그 누구보다 잘 아는 민정 씨는 지금 이 타이틀에서 벗어나기를 소망하고 있다.

이를 위해 현재 그녀는 의도적으로 친정 식구와 적정한 거리를 유지 중이다. 가족을 위해 자신을 희생하는 게 익숙한 그녀에게는 이 마저도 쉽지 않다. 하지만 의식적으로 가족과 거리를 두며 나름 열심히 노력하고 있다.

언제나 그렇듯 새 구두는 예쁘지만 내 발에 맞게 길들이기까지 다소 불편할 수밖에 없다. 헌 구두가 아무리 편하다고 해도 밑창이 닳은 신발을 평생 신을 수 없다. 과거와 이별하고 새로운 나를 만나는 과정은 새 구두를 신는 것과 같다. 종종 이 불편함을 참지 못해 변화를 거부하며 기존의 관성을 고수하는 사람도 있다. 하지만 나는 민정 씨의 발을 아프게 만드는 새 구두가, 그녀를 지금보다 더 좋은 곳으로 안내하리라 믿어 의심치 않는다.

*

스스로를 미워하는 당신에게

앞서 등장한 민정 씨처럼 아이를 낳고 보니 자신을 정서적으로 학대하고 방치한 부모가 더 이해되지 않는다는 사람이 많다. 이렇게 귀하고 소중한데, 존재 자체만으로도 기쁨을 주는데 왜 내 부모는 나에게 사랑이 아닌 상처만 주었는지 모르겠다고 이야기한다. 도대체 과거 부모들은 왜 그토록 어린 자녀에게 상처를 줬을까? 상처를 주고도 그 사실을 쉽게 인정하지 않는 이유는 무엇일까? 시대적, 문화적 배경을 살펴보면 이해가 빠를 것이다.

유럽에서 아이들이 본격적으로 모유를 먹기 시작한 건 18세기 산업혁명 이후다. 17세기 이전 유럽 사회에서 아이들은 보호의 대상이 아니었다. 자신의 부모가 그랬던 것처럼 귀족들은 아이를 낳자마자 모유 한번 주지 않고 유모의 손에 맡겨 키우다가 어느 정도 성장하면 기숙사로 보냈다. 빈민층 사람들은 아이에게 젖 물릴 시간이 없을 정도로 극한 노동에 시달려야 했다. 이런 사회적 분위기로 말미암아 당시 유럽에서는 굶어죽는 아이가 많았다.

그런데 산업혁명 이후 국가적·사회적으로 큰 인식의 변화가 일어났다. 아이들이 엄청난 노동 자원임을 깨달은 것이다. 결국 노동력 손실을 최소화하기 위해 국가가 적극적으로 나서 모유 수유를 권장하기 시작했다. 그렇게 성장한 아이들은 어른처럼 제 밥벌이를 위해 노동 현장으로 나가야 했다.

특히 산업혁명은 그 발전 속도만큼이나 빠르게 아이들을 노동시장으로 내몰았다. 대량 생산이라는 명목을 앞세워 아이들을 공장으로 몰아넣은 것이다. 당시 면직기 사이에서 잠을 자다가 낙상하거나 사망하는 아이가 많았지만, 이들의 죽음을 슬퍼하거나 마음 아파하는 어른은 없었다. 단지 노동력의 손실을 안타까워할 뿐이었다.

아이가 '온전히 보호받아야 할 대상'이라는 인식이 생긴 것은 19세기 후반에 이르러서다. 이 말은 곧 양육과 훈육에 대한 역사가 생각보다 길지 않다는 뜻이다. 유럽이 이런 상황이었으니 남존여비 유교 사상이 강했던 우리나라는 더 말할 것도 없다.

배려를 강요받는 첫째, 순종을 강요받는 막내

민정 씨가 귀 닳도록 들었던 "다 큰 게…" "장녀가…"라는 말은 당시 맏이에게 주어진 숙명 같은 단어였다. 양육, 훈육, 육아라는 말에 대한 개념조차 없던 시절이었기에 부모들은 그저 삼시세끼 안 굶기고 학교에 보내면 충분하다고 생각했다. 맏이들은 늘 배려하고 양보를 강요받았다고 억울해하지만 동생들이라고 해서 마냥 편애를 받은 건 아니다. 그들 역시 "감히 형한테 대들어" "누나한테 까불지 마!" "누나 말을 들어야지"라는 말로 순종을 강요당했다.

어린 시절 부모에게서 받은 상처와 흉터가 없는 사람은 드물다. 부모는 부모 나름대로 이 악물고 열심히 키웠는데(비록 그 방식이 잘못되었을지라도), 이제 와서 상처를 받았으니 사과를 받아야겠다고 목소리 높이는 자녀를 이해하기가 어렵다. 그런 것이 상처라면 전쟁을 겪고, 허허벌판에서 기업을 일구고, 회사에 충성하며 가족을 먹여 살린 자신들의 상처는 누가 보상해줄 것인지 되묻는다. 맞다. 그들도 상처를 받았다. 아니, 그들은 그게 상처인 줄도 모르고 살아왔다. 그래서 자신이 아이에게 준 상처를 인지하지 못한다. 안타깝게도 아버지의 정서적·물리적 폭력에 '희생된 가족'과 어머니의 감정적 폭력에 '희생된 아이'만 있을 뿐이다. 가해자는 없고 피해자만 가득한 상황이다.

자신의 잘못을 인정할 용기도 없고 용서를 구할 준비도 되어 있지 않은 우리 부모에게 "그때 왜 그랬어!"라고 외쳐 봤자 "지금 와서 그게 다 무슨 소용이야" "엄마도 됐는데 언제 철들래?"라는 소리만 돌아올 뿐이다. 상황을 정면 돌파할 힘이 없으니 주변 탓, 사람 탓, 팔자 탓을 하며 자신의 미성숙함을 감추려는 이들의 특징이다.

진짜 어른으로 성장하는 첫걸음

신은 모든 곳에 존재할 수 없어서 어머니라는 존재를 만들었다는 말이 있다. 이런 모성에 대한 신화와 엄마에 대한 로망은 엄마를 한 사람, 개인으로 마주하는 것을 거부하게 만든다. 숭고한 희생, 무조건적인 사랑, 자식에 대한 헌신, 자애로운 부모라는 틀로 엄마를 가둬놓는다. 한 여성의 삶은 송두리째 외면하고 엄마로서의 삶만 강요한다. 그리고 이런 시선은 은연중 지금의 엄마들에게도 강요되고 있다.

"누군가를 미워하고 있다면 그 사람의 모습에 투영된 자신의 어떤 부분을 미워하는 것이다. 자신의 일부가 아닌 것은 거슬리지 않는다"라는 헤르만 헤세의 말처럼 지금 민정 씨는 자신의 부모보다 그들을 닮아 있는 자신의 어떤 부분을 미워하는 것일지도 모른다. 그녀는 지금 자신이 부모의 영향 아래 놓인 어린 아이가 아니라는 사실을 깨달아야 한다. 그 사실을 깨달아야만 진짜 어른으로 성장하는 첫걸음을 내디딜 수 있다.

*

자아도 고갈된다, 육아 번아웃

사회심리학에서는 인간의 자아를 하나로 보지 않는다. 여러 개의 자아, 즉 멀티 페르소나*multi-persona*를 가진다고 본다. 여자의 경우 딸 자아, 언니 자아, 동생 자아, 직장인 자아, 아내 자아, 며느리 자아가 있다. 남자의 경우 아들 자아, 형 자아, 직장인 자아, 남편 자아, 사위 자아가 있을 것이다. 이런 자아들은 상황과 상대에 따라 각기 다른 존재감을 드러낸다.

아이들 역시 마찬가지다. 집에서 보이는 모습과 학교에서 생활하는 모습, 친구들 사이에서 노는 모습이 전혀 다른 아이가 많다. 각자 다른 자아가 활동하는 것이다. 그리고 인간은 때와 장소에 따라 가장 자신다운 모습을 보일 때 행복감을 느낀다.

그런데 부모가 되면 상황이 180도 달라진다. 특히 여성의 경우 사회적 자아는 거의 사라지고 엄마 자아의 영역이 극대화된다. 미성숙한 엄마 자아는 당황스럽다. 오롯이 자기 손에 한 생명이 달려 있다는 사실도 충격적인데, 주변 사람들은 태어날 때부터 엄마였던 것처럼 완벽한 어른 노릇을 하라고 요구한다. 아이가 조금만 다쳐도 "엄마가 집에서 뭐하는 거야!" "정신을 어디다 두고 사는 거야!"라는 소리를 듣게 된다. 엄마가 처음이고 자신도 누군가의 도움이 필요한데 갑자기 모든 것을 완벽하게 책임지라고 하니 미치고 팔짝 뛸 노릇이다.

똑같은 시간을 투자하는데 인풋 대비 아웃풋도 너무 약하다. 회사를 7, 8년 다녔으면 팀장 타이틀을 달고 실무에서 벗어났을 테지만 일곱, 여덟 살이 된 아이는 이제 학교에 들어가야 한다. 아이는 학생으로 부모는 초보 학부모로 또다시 출발점에 서야 하는 것이다. 사회생활을 이 정도 했으면 성공이든 실패든 어느 정도 결과가 눈에 보이련만, 육아는 마침표 없는 문장처럼 그 끝을 알 수 없다.

자신이 아닌 다른 존재를 이토록 헌신적으로 돌본 경험이 없기에 육아는 엄마, 아빠 모두에게 경이로운 시간이자 자신의 한계를 시험하는 새로운 장이 된다. 그렇다 보니 이를 순탄하게 넘기는 사람이 있는 반면 그렇지 못한 사람도 있다.

아이와의 스킨십이 공포인 부모

부모의 양육 방식은 아이의 성격, 태도, 습관에 영향을 준다. 하지만 아이의 기질 역시 부모의 양육 방식에 엄청난 영향을 미친다. 기르기 순한 아이가 있는 반면 교과서적 방법이 전혀 통하지 않는 아이도 있다. 가뜩이나 에너지가 부족한 부모에게 기질적으로 예민하고 까다로운 아이는 감당하기 힘든 존재처럼 느껴진다.

육아가 체질적으로 맞지 않는 사람도 있다. 아이가 사랑스럽기는 하지만 그 사랑보다 양육 스트레스가 더 큰 사람도 있는 것이다. 하지만 부모라는 이유로 이런 생각을 드러내기 어렵다. "저런 부모 밑에서 자라는 아이만 불쌍하지"라는 소리를 듣기 딱 좋기 때문이다.

주변을 보면 완벽에 가까운 엄마는 또 왜 이리도 많은가. 당장 SNS만 봐도 출산한 후 완벽하게 몸매를 가꾸고, 인테리어 잡지에 나오는 집처럼 완벽하게 집안을 꾸미고, 마치 전문가처럼 능수능란하게 아이를 키우는 사람이 적지 않다. 그런데 거울 속 내 모습은 어떠한가? 축 처진 뱃살과 가슴, 소도 때려잡을 것 같은 우람한 팔뚝, 푸석한 것도 모자라 탈모가 의심되는 머리카락, 탄력 잃은 피부, 무엇보다 생기와 열정이 사라진 낯선 여인이 나를 바라보고 서 있다. 모두 반짝이고 있는데 나만 빛을 잃고 사라져 버릴 것 같다. 아니, 이럴 바에는 차라리 사라졌으면 좋겠다는 생각마저 든다.

보건복지부 조사 결과에 따르면 산모 두 명 중 한 명은 산후 우울감을 경험하는 것으로 나타났다. 산후우울증이나 육아우울증을 경험하는 여성은 충동을 억제하는 힘, 새로운 일에 몰두하는 힘, 결정적으로 자신을 통제할 힘을 모두 잃어버린다. 엄마가 감정적·신체적으로 위험 상황에 처했을 때 안아 달라고 엉겨 붙고, 읽은 동화책을 또 읽어달라고 보채는 아이를 뇌는 행복이 아닌 위협으로 받아들인다. 아이와의 스킨십이 누구에게는 행복한 일이지만 누구에게는 고통과 두려움이 되는 것이다. 여기에 죄책감과 자괴감은 덤이다.

어린 시절 친밀한 스킨십을 받아 보지 못한 사람은 자신의 아이를 안아주는 게 어색하다. 어린 시절 늘 고함치는 부모 아래서 자란 사람은 자신의 아이에게 상냥하게 말하는 게 어렵고 힘들다. 남들은 아무렇지 않게 하는 것을 자신만 유독 힘들어하는 자체가 짙은 패배감과 상실감을 불러온다.

이런 상황에서 인간은 본능적으로 투쟁 회피fight or flight 반응을 보인다. 육아 공포에서 도망갈 것인가, 싸울 것인가, 포기할 것인가를 생각한다. 우울증이 심한 경우 뇌는 육아를 포기하고 엄마 자신을 살리는 선택을 한다. 그리고 생존을 위해 마땅히 '해야 할 일'이 아니라 '하고 싶은 일'로 에너지를 집중하도록 만든다. 아이를 돌보는 일보다 쉬고 싶고, 눕고 싶고, 아무것도 하기 싫은 욕구를 충족하는 데 모든 에너지를 사용한다.

후천적 정서 결핍에서 비롯되는 반응성 애착장애

정아 씨는 연년생으로 아이를 출산하며 심각한 산후우울증을 겪었다. 남들에게 아무렇지도 않은 일이 마치 형벌처럼 느껴져 삶이 버겁기만 했다. 매 끼니마다 아이의 식사를 챙겨주고, 눈높이에 맞춰 놀아주고, 과제와 숙제를 살피는 일 자체가 큰 스트레스로 다가온 것이다. 아이에게 미안하다는 생각이 들어 매일 저녁 눈물로 후회하며 마음을 다잡아도 아침이 되면 어제와 같이 까칠하고 신경질적인 반응만 나올 뿐이다. 정아 씨는 지금 자신의 에너지를 불안과 우울을 억제하는 데 모두 써버려 일상을 채워 나갈 에너지가 없다. 흔히 말하는 번아웃 상태다.

그런데 남편은 아내의 이런 모습을 그리 심각하게 받아들이지 않았던 듯싶다. 막연히 시간이 해결해줄 거라고 여겨 아내를 방치해 둔 것이다. 제 몸 하나 추스르는 것조차 힘들었던 정아 씨는 남편이 자신을 방치했듯 첫째인 아영이를 방치했다. 결국 아영이가 일곱 살이 되었을 때 남편은 아이에게 '어떤 문제'가 있음을 깨달았다. 부모와 눈을 맞추려고도 하지 않고 이름을 불러도 대답을 하지 않았다. 부모조차 놀이에 끼어주지 않고 늘 혼자 노는 것을 즐기며 놀이터나 키즈 카페를 가도 또래에게 아무런 관심을 보이지 않았다.

남편은 자폐를 의심했지만 아영이는 자폐가 아닌 반응성 애착장애Reactive attachment disorder를 앓고 있었다. 부모가 아이에게 충분한 스킨십과 적절한 반응을 해주지 않으면 아이는 사회적 관계 형성에 어려움을 겪게 된다. 선천적으로 아무런 문제없이 태어난 아이라도 애착에 문제가 생기면 그 어떤 자극에도 반응을 보이지 않게 된다. 부모에게 예쁨을 받기 위해 다양한 표현을 했는데, 그 어떤 행동에도 부모가 반응을 보이지 않으니 마음의 문을 닫고 혼자만의 세계로 빠져드는 것이다.

자폐가 선천적 원인에서 비롯된 것이라면 반응성 애착장애는 후천적 정서 결핍에서 비롯된 문제다.

부모 노릇에도 적응기가 필요하다

살면서 누구나 우울한 감정을 느낀다. 양육에 따른 우울감도 마찬가지다. 수영이 두려운 사람이 있고 달리기가 힘겨운 사람이 있는 것처럼 육아가 남들보다 어렵기만 한 사람이 있다. "다른 사람도 다 그렇게 살잖아" "왜 그렇게 유별나게 구는 거야" "우리가 아이들 키울 때는 더 힘들었다"라고 육아에 지친 사람을 탓하며 닦달하기 전에 그 사람에게 에너지가 얼마나 남았는지를 살피는 게 먼저다.

아무리 정신력이 좋은 사람도 기본적으로 에너지가 없으면 브레이크가 고장 난 자동차처럼 자신을 통제할 수 없게 된다. 자아 고갈ego depletion 상태이기 때문이다. 이들은 마치 전속력으로 질주하는 자동차들 사이에서 우두커니 혼자 서 있는 공포감을 온몸으로 받는다. 늦은 밤, 헤드라이트를 밝게 켠 기차가 무서운 속도로 달려오는 것을 보면서도 어쩐 일인지 옴짝달싹할 수 없어 철길 위에 우두커니 서 있는 고라니 같은 기분을 느낀다.

처음 아이를 낳았을 때, 학부모가 될 때, 사춘기 아이와 생활할 때, 아이를 독립시킬 때 등 익숙지 않은 새로운 부모 역할을 맡거나 접하게 될 때마다 우울감을 느끼는 사람이 있다. 그래서 괜찮아진 것 같다가도 어느 순간 한계에 부딪히고, 극복한 것 같다가도 주저앉게 된다. 아이가 학교 생활을 시작하면 적응기를 가지듯 부모 역시 새로운 부모 노릇에 대한 적응기가 필요하다. 이것은 자연스러운 현상이므로 다른 사람과 비교하며 죄책감을 가질 필요 없다.

아이보다 나를 먼저 챙겨도 된다

자아 고갈을 막으려면 부모가 먼저 잘 먹고 잘 쉬어야 한다. 완벽하고자 하는 마음도 버려야 한다. 완벽함은 과도한 목표를 설정하게 만들고 이에 도달하기 위해 스스로를 지나치게 몰아붙이기 때문이다. 감정을 공유할 수 있는 내 편을 만드는 것도 중요하다. 그리고 자신의 에너지가 외부에서 충전되는지, 내부에서 충전되는지를 파악할 필요도 있다. 사람들과의 관계를 통해 에너지를 얻는 사람이 있는 반면 외부와의 단절로 에너지를 충전하는 사람도 있으므로 자신에게 최적화된 방법을 찾아야 한다.

정현종 시인은 〈방문객〉이라는 시에서 "사람이 온다는 건 실은 어마어마한 일이다. 그의 미래와… 한 사람의 일생이 오기 때문이다"라고 했다. 이 어마어마하고 엄청난 일을 지금 우리가 하고 있는 것이다. 그러므로 아이보다 자기 자신을 먼저 챙기는 것에 죄책감을 갖지 마라. 아이는 돌봐주는 부모가 있지만 부모는 스스로를 돌보지 않으면 그 누구도 보살펴주지 않는다.

이를 위해 나는 엄마들에게 목욕 시간만큼은 확보하길 권한다. 온종일 다른 사람의 요구에 부응하느라 고생한 내 몸에 오롯이 집중하는 시간을 가지라는 것이다. 그럴 시간이 어디 있느냐는 핑계는 버리고 의지적으로 이 시간을 확보해야 한다.

이때 평소 잘 보지 않던 발가락도 자세히 보고, 물에 퉁퉁 불은 손가락도 쫙 펴서 찬찬히 살펴보라. 평생 볼 일 없을 것 같은 뒷모습도 거울에 비춰 보며 '오늘도 고생했네'라고 스스로에게 감사의 인사를 전하라. 따뜻한 물과 함께 정서적 찌꺼기를 씻어내다 보면 내일 하루를 버텨낼 수 있는 힘이 생길 것이다.

부디 당신의 내일은 오늘보다 나은 하루가 되기를 바란다.

*

분유 온도 맞추려고 공대 나온 건 아니거든요

"새벽 3시, 아무도 모르게 칼스바트를 빠져나왔다 그렇게 하지 않았더라면 사람들이 나를 떠나게 내버려두지 않았을 테니까."

《괴테의 이탈리아 기행》의 첫 문장이다. 아마도 많은 사람이 이와 비슷한 생각을 할 것이다. 특히 육아에 지친 엄마들은 "아무도 모르는 곳으로 도망가고 싶다"라는 말을 자주 한다. 어떤 사람들은 "자기 새끼 자기가 키우는데 뭐가 그렇게 힘드냐"라고 꾸짖듯 말하는데, 이는 정말 모르고 하는 소리다.

과거 대가족 하에서는 할머니, 할아버지, 이모, 삼촌, 언니, 오빠 등 엄마의 역할을 대신할 사람이 많았다. 정서적·체력적으로 힘들 때 타인의 도움을 받을 수 있는 환경이었다. 하지만 지금은 아파트나 빌라 등 네모난 공간에 갇혀 24시간 오롯이 엄마 혼자 아이와 씨름해야 한다. 게다가 배역이 마음에 들지 않지만 생계를 위해 원치 않는 무대에 오르는 배우처럼 아이의 요구에 따라 하루에도 몇 번씩 의사선생님, 환자, 손님이 되어야 한다.

아이를 다 키운 선배들은 "아이와 오롯이 함께할 수 있는 시간이 그리 길지 않으니 그 시간을 충분히 즐겨라. 돌아보니 그때만큼 행복한 시절도 없었다"라고 조언한다. 하지만 막차 시간에 쫓기는 사람처럼 종종거리는 엄마들에게 '즐기라'는 말은 쇼케이스 안에 진열된 빛나는 명품백과 같다. 보기는 좋지만 쉽게 손에 넣을 수 없는 바람인 것이다.

얼마 전 만난 30대 초반의 젊은 엄마는 자신이 아이의 분유 용량과 물의 온도를 맞추기 위해 공대를 나온 건 아니라며 씁쓸한 웃음을 지어 보였다.

"남편과 캠퍼스 커플인데, 학교 다닐 때 제가 신랑보다 성적이 월등히 좋았거든요. 그런데 사실 며칠 전 신랑이 회사에서 승진했어요. 시댁과 친정 식구들 모두 축하한다고 하는데, 저는 하나도 기쁘지가 않아요. 오히려 자꾸 성질이 나는 거 있죠."

자발적 고립이 아닌 사회적 고립이 불러온 우울감

마땅히 내 것이라고 생각하던 것, 당연히 소유할 수 있으리라고 여기던 그 무엇을 가지지 못했을 때 오는 상대적 박탈감은 생각보다 크다. 일을 포기하지 않은 친구들은 직장에서 승승장구하며 자아성취를 이어가는데, 끝도 없이 이어지는 집안일과 씨름하다 보면 '내가 지금 뭐하고 사나' '제대로 사는 건가'라는 생각이 절로 든다. 그런데 남편은 "당신은 좋겠다. 하루 종일 애들하고 집에 있어서…" 라며 철없는 소리를 한다. 어느 정도 큰 아이들은 "엄마도 ○○엄마처럼 매일 예쁘게 화장하고 회사에 출근했으면 좋겠어" 하며 일하는 엄마를 가진 친구를 부러워한다.

모두 제자리를 찾아 반짝거리며 빛나는 존재감을 드러내는데 나만 빛바랜 그림처럼 제자리를 찾지 못하고 겉도는 느낌이다. 소속감, 연대감, 유대감을 느껴 본 게 언제인지 기억조차 나지 않는다. 자발적 고립이 아니라 사회적 고립이 불러온 우울감과 패배감으로 자기효능감Self-efficacy이 바닥을 치는 것이다. 자기효능감은 자신의 능력에 대한 스스로의 평가다. 어떤 일을 하는 데 있어 그것을 성공적으로 수행할 수 있다고 믿는 기대와 신념을 뜻한다.

여기서 우리는 '성공적인 수행'이라는 말을 눈여겨볼 필요가 있다. 성공적인 수행은 생각하거나 계획한 대로 일을 해내는 것을 말한다.

결과 또는 결말이 있다는 뜻이다. 하지만 집안일이 어디 그런가. 하루라도 손을 놓으면 엉망이 되지만 아무리 열심히 해도 티가 나지 않는다. 그렇다고 직장인처럼 승진이나 성과급이 있는 것도 아니고, 그만둔다고 퇴직금을 주는 것도 아니다. 아니, 정년퇴임이 아예 없는 무임금 직군이다.

전업주부로서의 삶이 행복하지 않다면 누구라도 한 번쯤은 자신의 포지션에 대해 고민하게 된다. 이때 충동적으로 직업을 갖겠다고 결심하는 사람이 많다.

자아실현, 꼭 직장생활을 통해서만 이룰 수 있는 건 아니다

몇 년 전업주부로 지내다가 갑자기 직장생활을 하고 싶다는 여성들을 만나면 다음과 같은 질문을 던진다. 단 생계 때문에 어쩔 수 없이 직장생활을 해야 하는 상황은 예외다.

"결혼하기 전에는 어떤 일을 하셨어요?"

"앞으로 어떤 일을 하고 싶으세요?"

"직장에 다니고 싶은 이유가 뭔가요?"

이때 "경력 단절로 딱히 할 수 있는 일이 없어요" "나이든 아줌마를 써줄지 모르겠어요" "남편이 맞벌이를 원해요" "아이들이 일하는 엄마가 멋지다고 해요"라며 애매모호한 답을 내놓는 사람도 있다.

하지만 다행히도 가장 많이 나오는 대답은 "자아실현을 하고 싶어서요"다. 자아실현, 멋진 말이다.

미국의 심리학자 매슬로A.H. Maslow는 인간의 욕구를 5단계로 구분했다. 1단계 생리적 욕구, 2단계 안전 욕구, 3단계 사회적 욕구, 4단계 존경 욕구, 5단계 자아실현 욕구가 바로 그것이다. 매슬로는 생리적 욕구와 안전 욕구는 외적 보상으로 충족되지만 사회적 욕구, 존경과 자아실현의 욕구는 내적 보상을 통해 충족이 가능하다고 봤다. 이는 자아실현이 꼭 사회에 나가 성공해야만 이뤄지는 게 아니라는 의미도 된다.

만약 인정 욕구나 성공 욕구에서 비롯된 자아실현 욕구라면 사회에 나간다고 해도 쉽게 충족될 수 없음을 알아야 한다. 경력 단절의 공백을 채우는 게 말처럼 쉽지 않기 때문이다. 이는 우리 능력이 부족해서가 아니라 구조적 문제다.

워킹맘들의 현실을 보라. 아침부터 출근 전쟁을 치르고 종일 회사에서 시달리다가 지쳐 집으로 돌아오는 순간 또다시 출근이다. 절대적으로 부족한 수면 시간, 엉망인 집안, 엄마의 관심과 사랑을 갈구하는 아이들, 비협조적인 남편에 대한 서운함은 결혼생활에 대한 회의를 불러온다. 이런 부정적 감정의 화살은 아이에게 향할 확률이 높다. 가정에서 엄마의 빈자리를 채워 줄 시스템이 구축되어 있어야만 진정한 자아실현도 가능하다.

어제가 오늘 같고 내일도 오늘 같은 변화 없는 생활에 지쳤다면 결혼 전 직장생활을 했던 때를 떠올려보라. 직장생활을 할 당시 매일 이벤트 같은 일상이 펼쳐졌는가? 직장인 역시 다람쥐 쳇바퀴 도는 일상을 보내는 건 마찬가지다. 다만 노동의 대가를 급여로 받는다는 게 다를 뿐이다.

노동의 가치를 돈으로 환산하는 과정은 중요하다. 전업주부의 상실감도 자신이 돈을 벌지 못하는 사람, 즉 생산성 없는 사람이라는 좌절감에서 비롯되는 경우가 많다. 그렇다면 집안에서 생산성 있는 일을 찾는 것도 하나의 방법이다.

수동적 기다림에서 벗어나기

집안에서 보내는 시간이 무료하다며 급하게 일을 시작한 지인은 6개월도 지나지 않아 직장을 그만뒀다. 등하원 도우미 비용, 교통비, 점심값을 제외하면 남는 게 별로 없었다고 한다. 더 큰 문제는 따로 있었다. 자신을 위한 시간을 전혀 낼 수 없었던 것이다. 게다가 집안은 견딜 수 없을 정도로 엉망이 되어 버렸다. 결국 그녀는 전업맘으로 의미 있는 삶을 살며 집에서 돈을 벌 수 있는 방법을 연구했다. 그 결과 '돈을 번다'는 행위를 '돈을 세이브한다'는 행위로 재정의했다. 짧게나마 직장생활을 해본 경험으로 수입보다 지출 관리가 중요하다는 결론을 내린 것이다.

그리고 정보력이 곧 돈이라는 엄청난 사실을 깨달았다. 그녀는 검색을 통해 같은 물건이라도 가성비 높은 물건을 구입하는 데 선수가 됐고, 1인 여행 경비로 3인 가족여행을 다녀오기도 했다. 학부모 모임에도 적극적으로 참석해 많은 정보를 수집하여 비용 대비 좋은 학원과 교재를 선택했고, 미술관이나 박물관에서 진행하는 이벤트에도 빠짐없이 참여해 아이들에게 문화생활도 충분히 누리게 해주었다. 그녀는 지금도 직접 돈을 벌지는 않았지만 정보를 잘 활용하여 또 다른 경제적 가치를 창조해 내고 있다. 그녀 스스로 '인정받기'가 아닌 '인정하기'를 선택한 결과다.

'받는 사람'은 수동적인 기다림 외에는 할 일이 없다. 기다림이라는 게 그렇다. 내 안의 기대를 다른 사람이 제대로 읽어주기도 어려울 뿐더러 타인이 내 기대만큼 부응해주지 않으면 그 괴리감에 실망감만 커진다. 하지만 '하는 사람'은 능동적인 동기부여를 갖게 된다. 주도적으로 자신의 역할을 인식하면 능동적으로 그것을 수행할 힘이 생긴다. 우리가 아이들에게 그렇게 강조하는 자기주도의 생활화가 이뤄지는 셈이다.

나 역시 워킹맘으로서의 고충이 컸다. 24시간을 아무리 열심히 쪼개어 쓴다고 해도 아이를 바라보며 웃고, 함께 놀고, 아이의 말을 충분히 들어줄 물리적인 시간 자체가 부족했다. 만약 전업주부로 살았다면 좀 더 아이들에게 좋은 엄마가 될 수 있었을까? 솔직히 그건 잘 모르겠다.

워킹맘을 선택했든 전업주부를 선택했든 자신의 선택에 100퍼센트 만족하는 사람은 없다. 로버트 프로스트의 〈가지 않은 길〉에서처럼 우리는 한 몸으로 두 길을 갈 수 없기에 한길을 선택했고 최선을 다해 그 길을 가고 있을 뿐이다. 어쩌면 지금 우리를 뒤흔드는 미련과 방황은 자신이 가 보지 못한 길에 대한 아쉬움을 떨쳐내고, 후회 없이 자신이 선택한 길을 가기 위한 확인 과정일지도 모른다.

현대경영의 창시자 피터 드러커는 "세상에서 가장 어리석은 인간은 자기가 잘하는 것을 더 잘하려고 하지 않고 못하는 것을 잘하려고 노력하는 사람이다"라고 했다. 어떤 길을 선택했든 간에 내게 없는 것을 찾기보다 가지고 있는 것이 무엇인지 발견하려는 자세가 중요하다. 내게 없는 것을 찾느라 두리번거리는 에너지를 내가 가진 장점과 재능을 발휘하는 데 활용하는 것이 훨씬 낫다는 사실을 우리는 이미 알고 있다.

chapter3.

진짜 희망을 원하는 아이, 가짜 희망이 필요한 부모

*

'괜찮다'라는 말로 포장된 거짓 평화

아이의 성장을 위해 금전적·교육적·심리적·정서적으로 이렇게 많은 투자를 하는 세대가 또 있었나 싶다. 정보의 홍수 가운데서 나름 내 아이에게 맞는 육아법, 공부법을 찾기 위해 애를 쓰지만 여전히 많은 부모가 내 아이에게 무엇을 어떻게 해줘야 하는지 혼란스러워한다. 더 좋은 교육, 더 나은 환경을 제공하기 위해 아빠는 대리운전, 엄마는 식당 서빙 등 N잡도 마다하지 않고 열심히 뛰어다니는데 이상하게 아이와 자꾸 어긋나는 느낌이 드는 것이다.

아이의 정서적 케어가 중요하다고 해서 머리에 꽃 달기 일보 직전이어도 화를 내지 않으려고 애쓰고, 경청과 공감이 중요하다고 해서

'○○해서 그랬구나' 화법, 수용 화법 등 유행하는 모든 화법은 다 적용시켜도 무슨 이유에선지 아이의 불평과 불만은 사라지지 않는다. 많은 책과 유튜브를 보고, 관련 강연을 찾아 듣고, 육아 선배들의 조언까지 곁들여도 문제만 더 복잡해질 뿐이다.

미국의 심리학자 쉬나 아이엔가Sheena Iyengar 교수는 "선택지가 많으면 더 많은 자유가 주어지는 것 같지만 오히려 선택을 어렵게 만들 뿐이다. 최악의 경우 선택 자체를 포기하게 만든다"라고 했다. 그의 실험 가운데 가장 유명한 '구매 선택에 대한 연구'를 살펴보자.

이 실험을 위해 실험진은 대형 식료품 매장 입구에 24종의 잼이 놓인 시식대, 6종의 잼이 놓인 또 다른 시식대를 준비했다. 그리고 사람들이 어느 쪽 시식대에서 더 많은 시식을 하는지 관찰했다. 그 결과 24종의 잼이 놓인 시식대에서는 쇼핑객의 60퍼센트가 시식했고, 6종의 잼이 놓인 시식대에서는 쇼핑객의 40퍼센트가 시식한 것으로 나타났다.

그런데 재미있는 결과가 나왔다. 24종의 잼을 시식한 쇼핑객 가운데 직접 잼을 구매한 고객은 3퍼센트(전체의 1.8퍼센트)에 불과했지만, 6종의 잼을 시식한 쇼핑객 가운데 30퍼센트(전체의 12퍼센트)가 실제로 잼을 구매한 것이다. 선택의 폭이 넓으면 그만큼 만족감도 높아질 것 같지만 현실은 정반대다. 고민은 깊어지고 만족도는 떨어지며 선택에 대한 확신도 줄어든다. 자녀교육도 마찬가지다.

넘쳐나는 정보가 도움이 될 것 같지만 오히려 부모를 혼란으로 밀어 넣는 경우가 많다. 이런 상황에서 우리가 가장 먼저 해야 할 일은 나와 아이를 제대로 파악하는 것이다. 부모 자신이 어떤 양육 스타일을 고수하는지 알아야 이에 맞는 대응이 가능해진다.

아이가 아닌 부모 자신을 진정시키기 위한 말

감정 코칭을 개발한 미국 심리학자 존 가트맨*John Gottman* 박사는 아이의 감정을 처리하는 방식에 따라 부모 유형을 축소전환형, 억압형, 방임형, 감정코치형으로 나눴다. 예를 들어보자.

아이가 가장 아끼는 장난감이 그만 망가지고 말았다. 그런데 너무 낡아서 수리가 불가능했다. 평소 이 장난감에 큰 애착을 가진 아이는 이 상황을 받아들이지 못했다. 아무리 어르고 달래도 아이는 망가진 장난감을 끌어안고 세상이 끝난 것처럼 목 놓아 울고 있다. 이때 당신은 어떻게 반응할 것인가?

· 축소전환형: 장난감이 망가져서 슬프구나. 근데 그거 말고 다른 장난감도 많잖아. 엊그제 이모가 사준 장난감, 그게 더 좋은 거야. 우리 새로운 장난감 가지고 놀아 볼까?

· 억압형: 그깟 장난감 하나 망가진 거 가지고 왜 이렇게 유난이야!

남자가 그런 걸로 울면 안 된다고 했지! 숙제는 다 했어?

· 방임형: 장난감 때문에 눈물이 나? 그래서 저녁도 안 먹고 계속 울 거야? 그래, 그럼 계속 울든지. 엄마도 모르겠다.

축소전환형 부모는 이성적인 자신의 판단으로 어리고 미성숙한 아이를 이끌어줘야 한다고 생각한다. 부모 자신이 부정적인 감정, 나쁜 감정 자체를 읽어내지 못하기 때문에 아이의 감정을 무시하고 대수롭지 않게 여긴다. 억울하고 섭섭하고 서러운 아이의 감정을 바라보고 있는 것 자체가 어렵다 보니 아이에게 계속 "괜찮아"라고 안정시킨다. 부모는 아이의 감정을 읽어준다고 생각하지만 아이보다 본인의 감정을 우선시하고 있는 것이다.

"괜찮아. 몰라서 틀린 게 아니잖아. 실수해서 틀린 거잖아. 다음에 우리 ○○는 잘할 수 있어." "○○이가 같이 안 놀아줘서 속상했구나. 괜찮아. 내일 같이 놀면 돼." 여기서 "괜찮아"라는 위로는 아이가 아닌 부모 자신을 진정시키기 위해 하는 말인지도 모른다. 속상하고 답답하고 마음이 아픈데 부모가 계속 괜찮다고 하면 아이도 어느 순간 슬픔, 분노, 서러움 등 부정적인 감정을 수면 아래에 묻어버린다. 부모가 반복적으로 거짓된 평화를 요구하니 '회피'라는 최후의 카드를 꺼내 드는 것이다.

휴화산처럼 잠들어 있는 축소된 감정

부정적 감정도 인간이 살아가는 데 있어 반드시 필요한 감정이다. 불안은 미래를 대비하게 하고 분노는 권리를 주장하게 하며 억울함은 내 것을 지키게 만든다. 죄책감은 잘못된 행동을 돌아보고 궤도를 수정하게 하며 경쟁자에 대한 질투심은 전투력을 상승시킨다. 내 아이가 잘못된 선택에 대해 후회하고, 이를 바탕으로 내일을 준비하며, 자기 권리를 지키기 위한 경쟁에서 승리한다면 이보다 더 좋을 수는 없다.

좌절을 극복하는 힘은 '괜찮아'라는 어설픈 위로가 아니라 자신의 감정을 똑바로 바라보고 정면 돌파하도록 만드는 데서 나온다. 이런 힘이 없으면 문제에 직면할 때마다 수동적이고 회피적인 태도를 취할 수밖에 없다. 부정적이고 나쁜 상황을 극복하는 방법을 배워야만 자기 감정을 적절히 통제하는 능력을 키울 수 있다.

유리 천장을 뚫고 대기업 고위직에 오른 40대 여성을 만난 적이 있다. 그녀의 남편은 무능력했고 직속 상사는 무책임했다. '해결사'라는 별명에 걸맞게 주변의 모든 문제는 그녀에게로 몰리는 듯했다. 힘든 내색을 하지 않고 씩씩하게 버텼던 게 문제였을까? 10년 동안 백수생활을 한 남편이 친구에게 대박 아이템을 소개받았다면서 사업자금을 마련해 달라고 한단다. 엎친 데 덮친다고 상사는 그녀에게 신규 사업을 지시했다. 보통 사람 같으면 "악!" 하고 크게 소리라도 질렀을 텐데 그녀는 "나는 괜찮아" "그들도 다 그러는 이유가 있을 거야"라는 말로 상황을 정리해 버렸다.

보다 못한 내가 그녀의 손을 꼭 잡고 "○○ 씨, 그건 괜찮은 게 아니에요. ○○ 씨는 지금 괜찮지가 않아요"라고 했더니 거짓말처럼 그녀의 눈에서 폭포수 같은 눈물이 쏟아지기 시작했다. 그녀는 연신 흐르는 눈물을 닦아내며 "도대체 내가 왜 우는지 모르겠어요"라고 말했다.

축소시킨 감정은 결코 사라지지 않는다. 그저 우리 안에 휴화산처럼 잠들어 있을 뿐이다. 그 휴화산은 감정을 까맣게 재로 만들어 어떤 희로애락도 느끼지 못하게 한다. "괜찮아"라는 말로 포장된 거짓된 평화는 작은 충격에도 깨지는 유리처럼 언제든지 와장창 무너져 내릴 수 있다.

아이의 부정적 감정을 읽어주는 게 힘든 부모라면 자신 안에 잠든 휴화산의 원인이 무엇인지 생각해 봐야 한다. 그래야만 자신과 아이의 감정을 건강하게 읽어낼 수 있다.

"친구랑 싸웠다고? 네가 잘못했네"

억압형 부모는 많은 부분이 축소전환형 부모와 비슷하다. 다만 더 강압적으로 아이의 감정을 누르고 더 억압적인 방법으로 훈계한다. "네가 언니인데, 동생이 왜 미워!" "친구랑 싸웠다고? 네가 잘못했네" 하는 식으로 아이의 감정을 무 자르듯 잘라버린다. 아이가 미안하다고 용서를 구하면 "잘못했어? 네가 뭘 잘못했는지 제대로 알긴 하는 거야? 그리고 잘못할 짓 하지 말라고 했지"라고 말한다. 미술학원에 다니고 싶다는 아이에게 "거기 갈 시간 있으면 수학 학원 하나 더 끊자. 일단 좋은 대학에 들어가면 미술이 아니라 더한 것도 할 수 있어"라고 말한다.

아이는 잘해도 "더 잘해야지"라고 혼이 나고, 잘못하면 "너 그럴 줄 알았다"라며 혼이 난다. 우산도 없이 오뉴월 장맛비를 온몸으로 맞고 있는 형국이다. 이런 상황에서 아이가 느끼는 감정은 무엇일까? 답답하고 분한 마음, 즉 울분을 느낄 것이다. 어른이라면 다른 통로를 통해 감정을 해소하겠지만 억압된 아이는 울분을 해소할 방법이 없다.

결국 고통에서 벗어나기 위해 아이가 선택하는 방법은 부모가 원하는 대로 움직이는 것이다. 이때부터 아이는 장난감도 부모의 뜻에 맞는 걸 고르고 책 한 권을 읽어도 부모가 원하는 걸 선택한다. 꿈도, 희망도, 의지도 없이 그저 부모가 원하는 대로 꼭두각시처럼 움직인다. 칭찬은 못 들어도 최소한 혼나지는 않기 때문이다.

아무도 모른다

방임형 부모는 아이의 감정에 진지하게 반응하지 않고 "에이! 난 또 뭐라고" 하며 무심히 지나친다. 네 문제니까 부모인 나에게 이야기하지 말고 스스로 알아서 처리하라는 이야기다. 이런 유형의 부모가 자주 하는 말이 바로 "나는 아이에게 강요하지 않고 자기 하고 싶은 대로 하도록 그냥 지켜봐 줘요"다. 육체적·경제적·정서적·교육적 케어를 하면서 아이의 자율성을 인정하는 것과 아이에게 기본적으로 제공해야 할 요소조차 공급하지 않은 채 방치하는 것은 다르다.

아이에게 깨끗한 잠자리와 적절한 음식을 제공하지 않는 것, 제때 손톱과 발톱을 깎아주지 않고 목욕을 시키지 않는 것, 아픈 아이를 제때 치료해주지 않는 것, 아이가 도움을 청할 때 "네가 알아서 해"라고 말하는 것, 아이의 감정에 귀를 기울이지 않는 것, 아이와 친밀한 관계 맺기를 두려워하는 것 모두 방임에 해당한다.

고레에다 히로카즈 감독이 만든 영화 〈아무도 모른다〉의 줄거리는 이렇다. 네 명의 아이를 둔 엄마가 어느 날, 크리스마스 전에 돌아오겠다는 메모와 약간의 돈을 남기고 사라져버린다. 하루아침에 가장이 된 12세 소년 아키라와 남은 세 동생. 출생신고조차 되지 않은 이 아이들의 존재를 아는 사람은 없다. 아키라는 최선을 다해 동생들을 돌보지만 겨울이 지나고 봄이 되어도 엄마는 돌아오지 않는다. 어느새 전기와 물도 끊겨버린 집에서 아이들은 살아남기 위해 고군분투를 하지만 안타까운 사고로 막내가 목숨을 잃는다. 아키라는 평소 비행기가 보고 싶다던 동생의 말을 떠올리며 공항 근처를 찾는다. 그곳에 땅을 파고 막내를 묻어 준다.

영화 초반, "엄마는 너무 제멋대로야"라고 투덜거리는 아키라에게 엄마는 "네 아빠가 제일 멋대로지. 혼자서 사라지고. 나는 행복해지면 안 되는 거니?"라고 대답하는 장면이 있다. 엄마의 말이 너무 놀랍지 않은가? 그런데 진짜 놀라운 일은 따로 있다. 이 영화가 1988년 도쿄에서 일어난 실화를 바탕으로 만들어졌다는 사실이다.

나는 "엄마가 행복해야 아이도 행복하다"라고 자주 강조하지만 그것은 부모가 어느 정도 제 역할을 했을 때 적용할 수 있는 이야기다. 아이를 제대로 양육해야 하는 부모의 의무, 약자를 보호해야 하는 어른으로서의 임무를 외면한 채 자신만의 행복을 찾는다고 그 행복이 찾아질까? 그렇지 않다. 실제로 아키라 엄마는 늘 새로운 남자, 새로운 사랑을 찾기 위해 아이들을 버리고 부표처럼 떠다녔다. 그녀 역시 어린 시절 방임된 채 자랐다는 증거다.

행복한 아이의 조건

행복한 아이의 조건은 무엇일까? 부모를 비롯해 조부모, 이모, 삼촌, 고모한테서 끊임없이 선물을 받는 아이? 학원비 걱정 없이 배우고 싶은 것은 모두 배울 수 있는 아이? 부모의 무조건적인 희생과 사랑을 먹고 자라는 아이? 물론 이런 환경도 중요하겠지만, 무엇보다 자신의 감정을 제대로 읽어내고 코치해주는 부모와 함께 성장하는 아이가 가장 행복할 것이다.

존 가트맨은 "감정코치형 부모는 아이의 감정은 모두 받아들이되 부적절한 행동은 제한하고, 아이에게 감정 조절 방법과 적절한 분출구를 찾는 방법, 문제 해결 방법을 가르친다. 이들은 슬픔, 분노, 두려움처럼 부정적 감정도 인생에 유용한 의미가 있다는 것을 안다. 이런 유형의 부모는 아이에게 상처되는 말이나 행동을 했으면 주저하지 않고 아이에게 사과한다"라고 말했다.

감정코치형 부모는 아이가 느끼는 감정을 판단하거나 그것에 대해 평가하지 않고 부정적 감정을 느끼더라도 야단치거나 혼내지 않는다. 하지만 아이가 잘못된 행동을 할 때는 바람직한 방향으로 나아가도록 '행동의 한계'를 정해준다. 부모가 정답을 알려주는 게 아니라 아이 스스로 대안을 생각하도록 가이드를 제시하는 것이다.

이를 위해 먼저 해야 할 일은 부모가 아이의 눈높이에 맞춰 공감해주는 것이다. 예를 들어 여러 사람과 어울려 캠핑을 떠났는데 갑자기 아이 머리 위로 벌레 한 마리가 떨어졌다고 하자. 아이가 깜짝 놀라서 "으아악!" 하고 소리를 지르며 팔짝 뛴다. 이때 부모는 어떻게 해야 할까?

먼저 "놀랐어? 아이고, 정말 놀랐겠다"라며 아이의 감정을 있는 그대로 읽어준다. 그리고 기다림과 위로를 통해 아이 스스로 자신의 감정을 헤아릴 시간을 벌어주는 것이다. 평소 스킨십이 많다면 아이를 품에 안아서 등을 도닥거려 주는 것도 좋다. 아이가 안심할 수 있는 행동으로 위로해주는 것이다.

그런데 이때 "야, 뭐 그런 걸 갖고 울고 그래? 괜찮아" "씩씩한 줄 알았는데 겁쟁이구나?" 하며 우스갯소리를 하는 사람이 있다. 상대는 아이를 달래려고 한 말이겠지만 이 말에 아이는 2차적으로 부정적 감정에 휩싸이고 만다. 이런 경우 부모는 "무서웠어?" "놀랐어?"라며 다시 한 번 아이의 감정을 읽어주고, 벌레가 사라졌다는 것을 눈으로 확인시켜 주는 게 좋다.

감정의 여운이 오래가는 아이라면 안정된 장소로 데려가는 것도 방법이다. 아이가 두려워하는 벌레가 없는 실내로 들어가거나 짧게 드라이브를 하는 식이다. 피치 못할 사정으로 장소를 떠날 수 없다면 아이가 현재 상황을 정확하게 인지하고 선택할 수 있는 기회를 줘야 한다. "이제 가서 같이 밥 먹을까? 저녁밥을 먹어야 하는데, 너는 어떻게 했으면 좋겠어?"라는 식으로 행동의 범위를 정해주는 것이다.

아이의 감정을 제대로 읽어주는 게 결코 쉬운 일은 아니다. 하지만 책을 많이 읽으면 독해력이 늘듯 시간과 노력을 들이면 분명 아이의 감정을 있는 그대로 읽을 수 있게 된다. 다만 아이의 감정만 읽으려 하지 말고 부모 자신의 감정을 읽으려는 노력도 곁들여야 한다. 부모가 자신의 감정을 축소하고 억압하고 방임한 상태에서 아이의 감정을 제대로 읽어주기란 사실상 불가능하기 때문이다.

*

고래는 정말
춤을 추고 싶었을까?

아이들은 긍정적인 사고방식과 부정적인 사고방식, 피해의식과 자기연민 등 부모의 생각과 가치관은 물론 감정까지 그대로 흡수한다. 다른 사람의 생각과 행동 패턴을 무의식적으로 답습하는 동일시identification 때문에 일어나는 현상이다.

예를 들면 돈을 최고의 가치로 여기는 부모 밑에서 성장한 아이는 돈을 벌기 위해 수단과 방법을 가리지 않고, 공격적이고 폭력적인 부모 밑에서 성장한 아이는 자신보다 약한 존재를 만나거나 자신의 의견이 관철되지 않을 때 언어적·신체적 공격성을 드러내는 경우가 많다. 하루가 멀다 하고 부부싸움을 하는 부모 밑에서 성장한 아이는 늘 자신이 아니라 부모의 기분을 먼저 살펴야 했기에 어른이 되어서도 끊임없이 주변 사람들의 눈치를 보기에 바쁘다. 또한 팔자 탓을 하거나 세상을 비관적으로 바라보는 부모 밑에서 자란 아이는 사소한 일에도 크게 좌절하고 비관하며 도전보다 빠른 포기를 선택한다.

반면 늘 긍정적이고 적극적으로 공감해주는 부모 밑에서 성장한 아이는 자아정체감과 자아존중감이 높아 삶의 주인으로서 자신의 역할을 분명하게 인식한다. 넘치는 자신감으로 자신의 존재를 소중하게 여기며 뭐든 해낼 수 있다는 긍정적 자아상을 갖추게 된다. 이처럼 긍정적 감정을 학습한 아이들은 강한 내적 통제 위치Internal locus of control(자신이 수행할 과업에 대해 자신이 통제할 수 있다고 여기는 수준)를 갖게 된다.

내적 통제 위치 vs 외적 통제 위치

미국의 사회심리학자 질리언 B. 로터Jilian B. Rotter는 삶의 컨트롤키가 외부에 있다고 생각하는 사람과 내부에 있다고 생각하는 사람은 문제 해결 능력 자체가 달라진다며 통제 위치Locus of control라는 개념을 제시했다. 내적 통제 위치가 발달한 사람은 본인이 삶의 주도권을 쥐고 있다고 생각한다.

예를 들어 "시련은 있어도 실패는 없다"라고 말한 고 정주영 현대회장이나 "세상은 넓고 할 일은 많다"라고 했던 고 김우중 대우그룹

회장은 내적 통제 위치가 발달한 스타일이라고 할 수 있다. 이런 사람들은 어떤 상황도 통제할 수 있다는 자기 확신이 강하다. 그래서 환경의 영향을 크게 받지 않고, 실패와 좌절에도 굴하지 않으며 스스로 길을 찾아내는 힘을 가지고 있다.

참고로 내적 통제 위치가 발달한 사람일수록 불안과 우울증에 시달릴 확률이 낮다는 연구 결과도 있다.

반대로 외적 통제 위치External locus of control가 발달한 사람은 운명이나 팔자가 삶을 통제하고 있다고 생각해 환경에 순응하는 삶을 산다. "어차피 해도 안 될 거야" "내가 그렇지, 뭐" "이번 생은 망했어"라는 말을 자주 쓰며 남모를 열등감에 시달리기도 한다. 상대의 노력은 눈에 보이지 않고 집이 부자라서, 운이 좋아서, 도와주는 사람이 많아서 일이 잘 풀린다고 생각하니 열등감이 없는 게 더 이상하다.

만약 자신의 열등감 때문에 아이를 다그치는 부모라면 그 열등감의 원인이 무엇인지 점검해 봐야 한다. 왜 유독 아이의 성적에 목숨을 거는지, 왜 유독 아이의 말대꾸를 참지 못하는지, 왜 유독 고분고분하고 말 잘 듣는 아이를 원하는지, 왜 유독 옆집 아이의 성적에 신경을 쓰는지 말이다.

이런 행동에는 분명 자신의 열등감을 보상받기 위한 심리가 내재되어 있다. 이 열등감은 무의식적으로 '최선을 다해 뒷바라지하는데, 너는 왜 내 입장을 전혀 고려하지 않느냐'라는 생각을 하게 만든다. 아이가 부모인 자신의 부족함과 결핍을 채워줘야 한다고 느끼기에 본인도 모르게 아이의 죄책감을 자극하는 말과 행동을 자주 하게 된다.

주변의 지나친 기대와 칭찬이 독이 되는 이유

줄곧 높은 성적을 유지했던 아이들이 갑자기 성적이 떨어지면 이들은 떨어진 등수보다 주위 사람들의 기대에 못 미쳤다는 생각에 더 힘들어 한다. 대입에 실패했을 경우도 마찬가지다. 기대를 걸었던 사람은 그것이 '남의 일'에 불과하지만 이를 수행해야 하는 사람은 그 기대가 '자신의 일'이 된다.

예를 들어 주말 오후, 남편이 아무렇지 않게 "오늘 저녁 제육볶음이나 해먹을까?"라고 말한다. 소파에 앉아 TV를 보고 있던 아내가 남편을 쳐다보며 "내가 당신 밥이나 해주려고 결혼한 줄 알아?"라고 짜증 섞인 말투로 쏘아붙인다. 남편은 급발진하는 아내가 이해하기 어렵고, 아내는 손 하나 까딱 안 하면서 명령만 하는 남편이 원망스럽다. 남편은 자신의 바람을 말했을 뿐이지만 주말 하루라도 편히 쉬고 싶은 욕구를 억누르고 몸을 움직여야 하는 사람은 다름 아닌 아내다. 상황이 이렇다 보니 농구공 던지듯 본인의 기대를 아내인 자신에게 던진 남편에게 화가 나는 것이다.

아이들도 마찬가지다. 높은 점수, 좋은 성적, 명문대 입학에 대한 기대는 부모의 욕망이지 아이의 욕망이 아니다. 개중에는 스스로 이런 목표를 설정하고 공부하는 아이도 있지만 대부분의 아이는 그렇지 않다는 말이다. 타인의 욕망, 즉 부모의 기대를 그 작은 몸으로 수행하기 위해 애쓰다 보면 아이는 어느 순간 무기력함을 맛보게 된다. '할 수 없다' '어렵다' '하기 싫다'라는 단어, 즉 거절의 메시지 자체가 머릿속에 없는, 부모에게 사소한 반항조차 해 보지 못한 아이는 더욱 그렇다. 부모의 기대가 높은 게 아니라 자신의 능력이 부족해서 기대에 부응할 수 없다고 생각해 늘 죄책감에 시달리며 산다.

"칭찬은 고래도 춤추게 한다"는 말이 있다. 나도 이 말을 자주 인용하는데 가끔은 '고래가 정말 춤을 추고 싶었을까'라는 생각이 들 때가 있다. 차라리 부모한테 혼이 나거나 지적을 받으면 작은 반항이나 반발이라도 할 수 있지만, 주변의 지나친 기대와 칭찬은 아이에게 이마저도 못하도록 만든다.

아이들을 칭찬할 때 결과가 아닌 과정과 노력에 초점을 맞춰야 하는 이유가 여기에 있다. 능력이나 성과, 결과에 초점을 맞추면 아이는 주변 사람들을 실망시키지 않기 위해 실패 위험이 높은 일은 시도조차 하지 않으려고 한다. 또한 춤을 출 기분이 아니어도 사육사의 칭찬에 억지로 춤을 춰야 하는 고래처럼 당장 쓰러질 듯 힘들어도 부모의 기대에 부응하기 위해 이를 악물고 다시 일어서야 한다. 특히 스포츠 선수들에게서 이런 모습을 많이 보는데, 멘탈 트레이닝을 받은 그들도

순위와 메달보다 자신을 응원하는 사람들을 실망시키는 것이 더 두려웠다고 말하지 않던가.

지능 지수가 높으면 감성 지수도 높다?

감정에 대한 오해는 또 있다. 흔히 지능 지수가 높으면 아이의 감성 지수도 높을 거라고 생각한다. 머리가 좋으니 공감능력도 뛰어날 거라고 생각하는 것이다. 물론 어린 시절부터 주변 사람과 제대로 상호작용을 한 아이라면 높은 지능만큼 뛰어난 공감능력을 갖출 수도 있다. 하지만 흔치 않은 일이다.

어린 시절부터 천재, 영재, 똑똑한 아이, 공부 잘하는 아이라는 소리를 듣고 자란 사람은 주변의 모든 환경이 본인 중심으로 돌아가는 경험을 한다. 가정과 학교에서 늘 우쭈쭈 하는 보살핌을 받는 것은 물론이고 끊임없이 자신의 성과, 즉 높은 성적에 대한 물리적·정서적 보상을 받는다. 만약 아이의 공부에 방해되는 그 무언가가 있으면(그것이 사람이든 상황이든) 주변 어른들이 알아서 차단해주기 때문에 타인의 감정에 신경 쓸 이유가 없다. 행여 아이가 잘못해 친구와 문제가 생기더라도 부모와 교사는 성적에만 신경 쓰고 학업 성과로 그 잘못을 덮어버린다. 공감능력도 자꾸 사용해야 발달한다. 발달 시기를 놓치면 몸은 어른이지만 감정 처리는 미성숙한 아이로 남게 된다.

어린 시절부터 명석한 두뇌로 남다른 공부 감각을 자랑하던 40대 남성이 있었다. 그의 아내는 국내의 최고 대학, 최고 기업에 입사하여 승승장구하고 있는 남편에 대한 칭찬을 많이 들었다고 한다. 하지만 그녀는 지금 심각하게 이혼을 고민하고 있다.

"얼마 전 열두 살 아들의 생일이었어요. 그런데 남편이 아이 생일 선물로 뭘 사왔는지 아세요? 아들은 만들지도 못하는 120만 원짜리 프라모델이었어요. 애가 한 달 전부터 어벤저스 레고 시리즈를 갖고 싶다고 몇 번이나 이야기했는데도 말이에요."

이 프라모델은 아이가 아닌 남편이 가지고 싶어 하던 것이라고 한다. 아이의 생일을 핑계로 평소 자신이 가지고 싶었던 피규어를 사온 것이다. 황당한 선물을 받은 아이가 울고불고 떼를 쓰자 남편은 "아빠의 성의를 무시해"라며 불같이 화를 내고 집을 나가버렸다. 그녀의 남편은 지금까지 아들에게 팔씨름 한 번을 져주지 않았다고 한다. 세상이 호락호락하지 않다는 걸 알려주기 위해 남자 대 남자로 정정당당하게 붙는 게 옳다고 말한다는 것이다. 먹는 걸로 약을 잔뜩 올려놓고 아이가 울기 시작하면 듣기 싫다고 또다시 혼을 내는 건 일상이다.

"머리만 좋으면 뭐해요. 공감능력이 전혀 없는걸요. 가끔은 남편이 아니라 벽하고 대화하는 기분이 들어요. 아이가 생일 선물을 받고 속상해할 때도 '다른 애들 같으면 이 비싼 걸 받았다고 엄청 좋아했을 거다'라고 말하는 사람이에요."

나이를 먹었다고 다 어른이 아니다. 아이만 낳았다고 모두 부모가 되지는 않는다. 이 남성은 나이에 맞는 책임감과 성숙함, 감정 조절 능력을 갖추지 못한 몸만 커다란 아이와 같다. 타인에게 보여야 할 감정과 보이지 않아야 할 감정을 구분하지 못하는 건 아이들이나 하는 짓이다. 어른이라면 최소한 아이 앞에서 순화시켜야 할 감정, 즉 보여야 할 감정인지 보이지 말아야 할 감정인지는 알아야 한다. 이것이 바로 공감의 기본자세다.

*

머리보다 심장이 먼저 반응하는 분노의 힘

세 살 아들이 자꾸 소파에 올라가 바닥으로 뛰어내린다. 재택 근무하는 사람과 온라인 수업을 하는 학생이 늘어 가뜩이나 층간소음에 민감한 시기인데, 오늘따라 아이는 도통 말을 듣지 않는다. 아무리 주의를 줘도 채 30분을 넘기지 못하고 또 뛰기 시작한다. 이런 경우 전문가들은 문제가 되는 상황에서 아이를 분리시킨 뒤 엄격하게 안 되는 것을 가르치고 행동에 제약을 주라고 말하는데, 내가 능력이 부족한 건지 우리 아이가 유별난 건지 좀처럼 통제가 되지 않는다. 나름 알아듣게 훈육했다고 생각했는데 아이는 도통 변할 기미가 없다. 아니나 다를까. 아래층에서 인터폰이 온다. 층간소음 가해자가 된 엄마는 연신 "죄송합니다"라고 사과한 뒤 통제 안 되는 아이를 둘러업는다.

제대로 된 감정적 교류가 불가능한 존재, 오로지 자신의 욕구를 관철시키기 위해 모든 에너지를 쓰는 아이와 온종일 씨름하는 건 말처럼 쉬운 일이 아니다. 유독 오늘처럼 지치는 날이면 아무도 모르는 곳으로 도망치고 싶은 생각도 든다. 혼자 여유롭게 시간을 보낸 적이 언제인지, 아무것도 하지 않고 편안하게 침대와 소파에 누워 본 적이 언제인지 기억도 나지 않는다. 그저 푹 쉬고 싶다는 가장 기본적인 자유의지와 자기결정권을 박탈당한 그녀는 지금 무력함과 고립감에 휩싸여 있다.

분노의 그라데이션

텔레파시라도 통한 걸까? 마침 친정 엄마로부터 안부 전화가 걸려 온다.

"엄마, 둘째를 어린이집에 보낼까 싶어."

"얘가 미쳤나 봐. 아직 어린 애를 보내기는 어딜 보내. 그리고 네가 직장을 다니는 것도 아니잖아. 엄마가 집에 있는데 왜 애를 밖으로 돌려. 요즘처럼 애 키우기 편한 때가 또 어디 있다고. 우리 때는…."

친정 엄마의 잔소리가 듣기 싫어 서둘러 전화를 끊는다. 순간 일주

일에 한 번 쓰레기 분리 수거를 해주는 게 전부면서 자신이 엄청나게 가정적인 줄 아는 남편의 얼굴이 떠오른다. 눈을 씻고 찾아봐도 세상에 내 편이 하나도 없는 느낌이다. 이런 엄마의 마음을 아는지 모르는지 둘째 아들은 여전히 소리를 지르며 거실 한복판을 질주하고 있다. 그녀는 다시 아이를 둘러업고 샌드위치를 만들기 시작한다. 유치원에 간 첫째가 돌아올 시간이 된 것이다.

집으로 돌아온 첫째 아들은 엄마가 만들어준 샌드위치를 한 손에 들고 온 집안을 종횡무진하며 부스러기를 질질 흘리고 다닌다. 식탁에 앉아 먹으라고 말해도 듣는 둥 마는 둥이다. 그녀는 끓어오르는 화를 꾹 참으며 샌드위치를 다시 식탁 위로 가져다놓는다.

"음식은 식탁에 앉아 먹는 거야. 돌아다니면서 먹는 거 아니야!"

아이가 식탁 의자에 5분이나 앉아 있었을까. 어느새 거실로 활동 영역을 옮긴 아이는 장난감 하나를 두고 동생과 싸우기 시작한다. 말로 시작된 다툼이 몸싸움으로 이어지더니 형제는 끝내 거실 구석에 놓여 있는 화분을 깨뜨리고야 만다.

"동생하고 싸우지 말라고 했지! 지금 엄마 말 무시하는 거야?"

"지금 엄마 무시하는 거야?"라는 말 속에는 우울과 분노, 무기력, 버거움 등 부정적 정서를 기반으로 한 다양한 감정이 들어 있다. '안 그래도 힘들어 죽겠는데, 애까지 나를 무시하네'라는 생각이 점점 더 큰 화를 불러온다. 분노의 그라데이션화다. 지금 문제는 엄마의 감정이지 아이의 행동이 아니다.

오늘 기분은 좀 어떠세요?

그 나이대의 아이들은 다른 사람을 무시할 수 있는 인지 능력이 없는 대신 욕구는 강하다. 따라서 엄마의 말을 무시하는 게 아니라 말을 잘 안 듣는 것뿐이다. 아니, 말을 잘 들을 만한 능력이 아직 없다는 표현이 더 정확하다.

아이에게 '무시당한다는 생각'은 곧 부모가 감정 처리에 미숙하다는 뜻과 같다. 말 안 듣는 것과 무시하는 것은 별개의 문제인데도 '감정 분리'를 하지 못해 뭉뚱그린 분노에 함몰되어 버린다. 이는 아이들의 감정 처리 방법과 비슷하다. 우는 아이, 떼쓰는 아이, 화내는 아이에게 그 이유를 물어보면 대부분 "몰라요"라고 대답한다. 마음속에서 분명 어떤 일이 일어났는데 이를 명확하게 읽어내고 설명할 길이 없는 것이다. 그런데 많은 어른이 어린 아이들처럼 이런 상황에 처해 있다.

무슨 일인지 잔뜩 화가 나 있는 40대 초반의 한 여성을 만났다.

"오늘 기분은 좀 어떠세요?"

"아휴, 정말 지겨워 죽겠어요. 마흔이 훌쩍 넘었는데 언제까지 남편 뒤치다꺼리나 하면서 살아야 하는 건지 모르겠어요. 내가 자기 엄마도 아니고…."

내가 물은 것은 남편의 안부가 아니라 그녀의 기분이었다.

"요즘 남편 때문에 많이 힘드시군요. 그러면 지금 남편에 대한 감정은 어떤가요?"

"좋을 리가 있겠어요? 남편이고 자식이고 다 필요 없어요. 자기들 필요할 때만 나를 찾아요. 며칠 전에 호된 감기몸살로 끙끙 앓고 있는데 아들놈이 뭐라고 했는지 아세요? '엄마, 아파? 그러면 나 저녁때 피자나 시켜줘!' 아니, 사람이 아프다고 하면…."

감정이나 기분을 묻는 질문을 하면 대부분의 사람은 이런 반응을 보인다. 자신의 감정을 이야기하는 게 아니라 자신이 처한 상황을 설명한다. 화난 사람에게 왜 그처럼 화가 난 것인지 그 이유를 물어보라. "몰라" "짜증나" "미쳐버리겠네" "가만 안 둘 거야"라고 말하는 사람이 대부분일 것이다. 자신의 감정을 제대로 모르기에 "짜증나 죽겠네"라는 말 한 마디로 모든 것을 설명하려고 한다.

어른이라면 감정을 세분화할 줄 알아야 한다. 남편의 회사에 문제가 생기면 당연히 '걱정스럽고', 아이의 성장이 눈에 띄게 더디면 당연히 '불안하고', 오래된 지인에게서 뒤통수를 맞으면 '허탈하고', 그간의 세월이 안타까워 '서글프다'. 불안과 걱정, 염려, 슬픔 등 감정을 세분화하지 못하기 때문에 모든 것을 분노라는 감정으로 폭발시키는 사람이 많다. 그러고 나서는 "엄마가 하지 말랬지!" "당신, 지금 나 무시하는 거야?"라는 말로 자신의 행동을 정당화한다.

나를 설명할 수 있는 힘

미국 언론인이자 인문학자인 얼 쇼리스Earl Shorris는 노숙자와 빈민을 대상으로 '클레멘트 코스'라는 인문학 교육을 시작했다. 당시 미국 사회는 그를 미친 사람으로 취급했지만 얼 쇼리스는 주변 시선에 아랑곳하지 않고 마약중독자, 노숙자, 매춘부, 실업자, 출소자 등을 모집해 인문학을 가르쳤다. 그렇게 총 31명을 모아 클레멘트 코스 1기를 시작했는데 일 년 뒤 수강생 가운데 55퍼센트에 해당하는 17명이 수료증을 받았다. 이들 가운데 한 사람은 나중에 치과의사가 되었고, 다른 한 사람은 약물중독자 재활센터의 상담실장이 되었다. 수료증을 받은 한 노숙자는 자신의 변화에 대해 이렇게 설명한다.

"예전에는 화나거나 억울하면 총을 먼저 꺼내들었어요. 제 기분을 말로 설명할 수가 없었거든요. 그런데 지금은 얼마든지 이성적으로 설명할 수 있고, 더는 욕설이나 주먹이 필요하지 않게 되었죠."

사회에서 소외된 울분을 폭력과 범법 행위로 표현하던 이들을 변화시킨 것은 반성적 사고였다. 편견에 사로잡힌 사람들의 시선에 당당히 맞서 '나를 설명할 수 있는 힘'을 갖게 된 것이다. 욕설이나 폭력, 분노 없이 자신을 설명할 수 있는 힘, 이것이 바로 '감정 읽기'의 힘이다.

결국 감정 읽기는 머리보다 심장이 먼저 반응하는 분노를 건강한 에너지로 바꿀 수 있는 가장 좋은 틀인 셈이다.

*

아이가 나에게 가르쳐준 것들

과연 화내지 않고 아이를 키우는 방법이 있을까? 만약 이 방법을 발견한 사람이 있다면 노벨평화상을 받을 만하다. 그만큼 육아와 양육자의 분노는 떼려야 뗄 수 없는 관계다.

아이를 키우다 보면 하루에도 몇 번씩 온탕과 냉탕, 냉정과 열정 사이를 오간다. 불과 몇 분 전까지 아이와 깔깔거리며 코미디 영화를 찍다가 순식간에 분위기가 돌변해 씩씩거리는 거친 숨소리만 들리는 호러물로 장르가 바뀌는 게 양육이다.

"분노조절장애가 아닌가 싶어요. 한 시간에 한 번씩 애를 잡는 것 같아요. 생각해 보면 별일 아닌데 아이한테 자꾸 화를 내는 거예요. 정말이지 아이에게 미안해 미치겠어요!"

이는 부모 상담할 때 가장 많이 듣는 말이기도 하고, 부모를 대상으로 한 강연에서 자주 다루는 주제이기도 하다. 흔히 분노조절장애라고 말하는데, 정확한 명칭은 간헐성 폭발 장애Intermittent explosive disorder다. 간헐성 폭발 장애를 가진 사람들은 상대를 공격하고 싶은 충동을 억제하지 못해 물리적·정서적으로 파괴적 행동을 보이는 특징을 가진다.

상대를 단번에 굴복시키는 분노의 습관화

사소한 일에도 화를 잘 참지 못하는가? 누가 봐도 화낼 타이밍이 아닌데 갑자기 화를 내고 스스로를 잘 제어하지 못하는가? 성격이 급하고 다혈질이라는 말을 자주 듣는가? 분노로 중요한 일을 그르친 적이 있는가? 배우자나 지인에게 무시당한다는 느낌이 들거나 억울하다는 생각이 드는가? 자신의 잘못을 아이나 배우자, 부모 탓으로 돌리며 화를 내는가? 가정이나 회사에서 사람들이 자신의 수고와 노력을 인정해주지 않으면 참지 못하고 버럭 화를 내는가? 화가 났을 때 욕설을 내뱉거나 소리를 지르고 싶은가? 물건을 집어던지거나 폭력을 휘두르고 싶은 강한 충동을 느끼는가?

이 질문에 상당수 고개를 끄덕이며 "그렇다"라고 대답한다면 분노의 습관화에 빠진 것은 아닌지 의심해 봐야 한다.

분노는 문제를 가장 간단하게 해결할 수 있는 치트키고, 가성비 좋은 만능열쇠다. 분노를 주무기로 사용하는 사람들을 보라. 이들에게는 상대를 이해시키고 설득하고 협상하는 과정이 필요하지 않다. 분노 한방을 날리면 단번에 상대를 굴복시킬 수 있고, 자신이 원하는 바를 쉽게 얻을 수 있기 때문이다. 그래서 분노가 습관화된 사람은 상대가 마음에 들지 않거나 바라는 것이 있으면 화를 표출하는 것으로 주변 사람과 상황을 억압하려고 든다.

"도대체 뭐가 되려고 이러니?"

일곱 살 아들을 둔 30대 한별 씨의 이야기다. 어느 날부턴가 아이가 피아노 학원을 농땡이 치기 시작했다. 열심히 다니는 것도 아니고 그렇다고 그만두겠다는 것도 아니고, 도대체 무슨 생각을 하는 건지 답답하기만 했다.

그러던 어느 날 아이가 또 피아노 학원을 가지 않으려고 꼼수를 부리기 시작했다.

"피아노 학원 갈 거야, 말 거야? 확실하게 말해! 엄마가 억지로 보내는 것도 아니잖아."

"아니, 안 간다는 게 아니고…."

"그래서 간다는 거야?"

"가긴 가야 되는데…."

"가면 가는 거고 말면 마는 거지, 가긴 가야 되는데가 뭐야?"

"가긴 갈 건데…."

"너 지금 엄마랑 말장난하자는 거야."

"…."

"야! 선생님한테 전화해서 못 간다고 할 테니까, 오늘 학원 가지 마! 아니, 엄마가 너한테 사정해 가면서 학원을 보내야 되니? 피아노 학원이고 뭐고 다 때려치워! 너는 학원에 다닐 자격도 없어!"

부서져라 안방 문을 쾅 닫고 들어온 한별 씨는 흥분을 가라앉히기 위해 잠시 침대에 걸터앉아 있으면서 혼자 중얼거렸다.

'알아차림'의 시작

"아니, 저게 누굴 닮아서 저 모양이지? 왜 저렇게 바보 같지? 왜 저렇게 한심하지?"

얼마나 지났을까. 잠시 숨을 고르다 보니 문득 이런 생각이 들었다.

'가만있어 봐. 학원에 안 가는 거랑 바보 같은 거랑 무슨 상관이 있다고? 나도 필라테스를 끊어놓고 종종 빠지잖아. 어른인 나도 그러는데 아이는 더하겠지. 근데 뭣 때문에 한심하다는 거지? 왜 아이가 한심하게 보이지? 도대체 왜 아이한테 화를 내고 있는 거지?'

그때 어린 시절 자신을 향해 "너는 뭐 하나 제대로 끝내는 꼴을 못

봤어"라고 화내는 엄마의 목소리와 "그렇게 끈기도 없고 열정도 없어서 앞으로 이 험한 세상을 어떻게 살려고 하느냐"라고 다그치는 아빠의 목소리가 들려왔다.

순간 그녀는 자신이 부모님한테 이와 같은 지적을 받을 때마다 느꼈던 민망함과 부끄러움, '나는 왜 이럴까?'라는 수치심, 그리고 스스로에 대한 한심함을 아들에게 덧대고 있음을 깨달았다. 나를 닮아 물에 물 탄 듯하고 술에 술 탄 듯한 무색무취의 사람이 될까 봐, 나처럼 의욕 없는 사람이 될까 봐, 나와 같은 한심한 낙오자가 되면 어떡하나 하는 두려운 마음이 평소보다 더 큰 분노를 불러왔음을 알았다. 그 유명한 '알아차림'의 시작이다.

*

감정의 발화점 찾기

중간고사를 앞두고 열심히 공부하는 고등학교 2학년 아들이 기특해서 미령 씨도 오랜만에 콧노래를 흥얼거리며 간식을 준비했다. 그런데 아들의 방문을 여는 순간 그녀는 자신도 모르게 버럭 소리를 지르고 말았다. 온통 어질러진 아들의 방이 트리거, 즉 방아쇠가 된 것이다.

"엄마 말이 말 같지 않니? 방 좀 치우라고 이야기한 게 일주일도 넘었잖아. 이게 방이야? 쓰레기장이지!"

"주말에 치울 거예요. 그러니까 엄마 마음대로 내 방에 들어오지 말라고 했잖아요."

자신의 말에 아들이 벌떡 일어나 방 치우는 시늉이라도 하길 기대했는데, 아이는 오히려 적반하장이었다.

"여기가 네 집이야?"

자신이 생각해도 유치한 공격이었지만 미령 씨는 아들의 입에서 나온 '내 방'이라는 말을 대적할 만한 다른 단어를 찾지 못했다.

"내 방이죠."

"어째서 네 방이야? 여기는 내 집이니까, 어서 나가."

"그럼 나가게 방 구해줘요."

미령 씨는 순간 이성을 잃고 방바닥에 널린 옷가지와 책들을 손에 잡히는 대로 마구 던지기 시작했다. 하지만 아들은 감정 없는 로봇처럼 책상에 앉아 노트만 뒤적거릴 뿐이었다. 분을 삼키지 못해 씩씩거리고 서 있는 미령 씨를 보며 이윽고 자리에서 일어난 아들이 결정타를 날렸다.

"엄마가 이러니까 아빠가 못 참고 이혼했지."

엄마의 자리에서 그만 내려오고 싶어요

고등학교 2학년 아들은 반항과 갈등, 저항, 분노의 소용돌이 가운데, 40대 후반의 미령 씨는 허탈과 우울, 외로움, 쓸쓸함, 허무함, 무기력의 폭풍우 가운데 서 있었다. 아들의 억울한 감정은 외부로 향해 분노가 되고, 엄마의 억울한 감정은 내부로 향해 우울이 되어버린 상황이다. 미령 씨는 자신의 아들에게조차 이해받지 못하고 인정받지 못하는 엄마라는 자리에서 그만 내려오고 싶다고 말했다.

"엄마가 죄인은 아니잖아요. 그런데 왜 모든 사람이 엄마 탓만 하는지 모르겠어요. 엄마의 말투가 문제고, 엄마가 변해야 아이가 살고…. 무슨 말인지 머리로는 알겠는데, 왜 아이의 상처에는 그렇게 민감하게 반응하면서 엄마가 받는 상처는 아무도 위로해주지 않는 거죠? 저도 찔리면 아프다고요. 저도 맞으면 엉엉 울고 싶다고요."

사람이 가장 큰 상처를 받을 때가 언제인지 아는가? 바로 곁에 있는 사람, 자신을 가장 잘 아는 사람에게 공격을 받는 순간이다. 가족이 특히 그렇다. 가족은 서로의 아킬레스건을 그 누구보다 잘 아는 사람들이다. 어떤 말로 공격해야 상대에게 치명타를 입힐 수 있는지 본능적으로 안다. 미령 씨의 아들이 그랬듯 마음만 먹으면 언제든 단번에 상대를 쓰러뜨릴 수 있다.

미령 씨는 어린 시절부터 호불호가 분명하고 모든 일을 계획에 따라 처리했다. 그런데 남편은 정반대였다. 오늘 할 일을 내일로 미루는 것은 물론이고 매사에 우유부단했다. 또 어찌나 충동적으로 행동하는지 그녀의 계획을 부지불식간에 무너뜨리기 일쑤였다. 결국 20년 동안 전쟁 같은 결혼생활을 유지한 두 사람은 얼마 전 이혼 서류에 도장을 찍었다. 완벽을 추구하는 미령 씨에게 이혼은 유일한 흠이자 지우고 싶은 과거다. 이런 상황을 그 누구보다 잘 알고 있는 아들이 의도적으로 이혼의 원인을 엄마에게 돌린 것이다.

해결되지 못한 과제와 해결되지 못한 감정

미령 씨는 자신과 아들 사이에 일어난 갈등의 원인 또한 남편에게 있다고 생각한다. 방 정리 하나를 제때 하지 못하고 차일피일 미루는 아들의 모습이 우유부단한 남편과 겹쳐 보여 도무지 화를 참을 수 없었다고 말한다. 그녀는 모든 문제의 원인이 남편에게 있다고 하지만 진짜 문제는 따로 있었다. 미령 씨 마음속에 남아 있는 '해결되지 못한 과제' '해결되지 못한 감정'이 바로 그것이다.

해결되지 못한 감정은 평소 앙금처럼 마음 깊숙이 가라앉아 있다가 어떤 계기로 감정이 요동치면 갑자기 떠올라 시야를 뿌옇게 만들어 버린다. 법적으로는 부부관계가 정리되었을지 몰라도 미처 정리되지 않은 미령 씨의 감정이 아들과의 갈등을 깊어지게 만드는 것처럼 말이다.

인간이라면 누구나 해결하지 못한 감정과 과제를 안고 살아간다. 정신적으로 건강한 상태라면 친구와의 수다, 취미생활, 명상, 운동, 독서, 가족의 유대감 등으로 이를 충분히 소화시킬 수 있다. 하지만 수치심, 죄책감, 소외감, 불안, 분노, 열등감, 슬픔, 무기력, 공포, 두려움, 후회, 적개심 등 핵심 감정이 축소되고 방임되어 억압된 감정으로 남아 있다면 이야기는 달라진다. 자신도 모르는 사이 그런 감정들이 자기 파괴적, 자기패배적 행동으로 발현되기 때문이다. 이런 사람들은 억압된 감정이 표면화되지 않도록 많은 에너지를 쏟아부어야 하기에 정서적·심리적·신체적으로 점점 피폐해진다.

참고로 핵심감정은 생후부터 여섯 살까지 형성되는 것으로 알려져 있는데, 주 양육자에게서 제대로 된 사랑과 인정을 받지 못하거나 끊임없이 욕구가 좌절되었을 때 발생한다. 만약 미령 씨처럼 아이와 잦은 갈등을 겪고 있거나, 주변 사람들과의 관계가 건잡을 수 없는 악화 일로를 걷고 있다면 관계를 망가뜨리는 감정의 발화점을 파악해 볼 필요가 있다.

감정에 대한 감정, 초감정

미령 씨의 경우 표면적으로는 우유부단한 남편이 분노의 원인이었지만 실제로 그녀를 화나게 한 것은 남편의 '무시'였다. 그녀는 어린 시절부터 장애를 가진 오빠에게 많은 것을 희생하고 양보해야 했다. 부모님은 나름 미령 씨에게 최선을 다했지만 어쩔 수 없이 우선순위에서 밀리는 경우가 많았다. 머리로는 부모님의 행동을 이해했지만 그녀의 가슴은 그렇지 못했다. 그녀는 늘 자신이 부모에게서 무시당한다고 생각했으며, 주변 사람들의 동정 어린 시선에서도 비슷한 감정을 느끼며 자랐다. 그런데 남편이 자신의 욕구에 즉각적으로 반응하지 않자 가슴 깊숙이 잠자고 있던 어린 시절의 상처가 터져 나온 것이다. 아들과의 갈등도 마찬가지다. 제때 청소를 하지 않는 게으른 아들에 대한 불만보다 평소 엄마인 자신을 얼마나 무시했으면 '방을 구해 달라'는 소리가 나올까 싶었던 것이다.

이처럼 해결되지 못한 감정으로 만들어진 '감정에 대한 감정'을 우리는 초감정Meta-emotion이라고 부른다. 초감정은 대부분 자신도 모르게 만들어지기 때문에 알아차리기 쉽지 않다. 그럼에도 우리가 초감정을 알아야 하는 이유는 인지왜곡 때문이다. 미령 씨 역시 사실과 관계없이 무시당했다는 감정에 휩싸여 스스로를 고립시키고 있지 않은가.

흔히 자존감 높은 건강한 아이로 키우기 위해 부모가 아이의 감정을 공감해주고 읽어주는 게 중요하다고 한다. 그런데 이것은 부모 스스로 자신의 감정을 제대로 읽을 수 있을 때에야 가능하다. 선글라스를 쓰고 있으면 주변이 어둡게 보이듯, 부모가 해결되지 못한 감정이라는 선글라스를 쓰고 있으면 아이의 감정을 있는 그대로 읽어낼 수가 없다. 미령 씨처럼 순식간에 솟구치는 분노의 불을 끄기 급급해서 아이를 제대로 바라볼 수 없는 상황이 되고 만다. 급한 대로 불을 끄고 주변을 돌아보면 모든 것이 까맣게 타버리고 재만 남아 있을 것이다.

부모 자신에 대한 이해가 바탕이 되지 않으면 아무리 많은 정보와 전문가의 가이드도 별 도움이 되지 못한다. 아이와 건강한 관계를 유지하려면 자신의 감정에 불을 지피는 발화의 원인이 무엇인지부터 알아야 한다. 단순히 아이가 숙제와 청소를 하지 않아서, 오랜 시간 게임을 해서, 밥을 늦게 먹어서, 동생과 싸워서 화가 나는 게 아닐 수도 있다는 말이다.

화나는 진짜 원인을 알아차리고, 그 안에 숨어 있는 자신의 기대와 욕구를 읽어내는 게 중요하다. 그래야만 아이와 똑같이 소리 지르고, 발을 동동 구르고, 화내는 행위를 멈출 수 있다. '아, 내가 무시당했다는 느낌을 받아서 화가 난 거구나' '아이에게 화난 게 아니라 불안한 거구나' '질투가 나서 내가 또 선을 넘었구나' 등을 알아야만 적절한 대응이 가능해진다.

상대의 감정은 내 것이 아니다

아이에게 사과할 때도 기술이 필요하다. 많은 부모가 저지르는 실수 가운데 하나가 바로 사과라는 명목을 핑계로 아이의 감정을 통제하려고 드는 것이다. 상대는 사과받을 생각이 전혀 없고 사과받을 준비가 되어 있지 않은데 내 마음 편하자고 건네는 일방적인 사과는 또 다른 폭력일 뿐이다. 미령 씨의 사례를 보자.

어느 정도 마음이 진정된 후 미령 씨는 먼저 아들에게 화해의 손길을 내밀었다. "내가 풀었으니 너도 풀어" "엄마는 괜찮아졌으니 이제 이야기 좀 하자"라고 다가간 것이다. 엄마의 감정은 종결형이지만 아들의 감정은 현재진행형이다. 괜찮아진 것은 그녀의 마음이지 아들의 마음이 아니다.

현명한 부모라면 아들에게 시간을 주겠지만 미령 씨는 아직 그 단계까지 오지 못했다. 결국 그녀는 "어른이 사과했으면 받을 줄도 알아야지!"라며 또다시 아들에게 화를 냈다. 부모의 사과를 거절하는 아들이 모든 것을 망쳤다는 생각이 그녀를 더욱 분노케 만들었다.

내가 감정을 정리했다고 해서 아이의 감정도 정리되길 바라는 건 위험하다. 내 호의와 노력을 상대가 무시했다는 생각이 더 큰 분노를 불러오기 때문이다. 자신은 물론 아이의 감정까지 억압하고 통제하려고 하는 사람은 상대방의 감정을 '기분 따위'로 치부해 버리기 쉽다. 아이의 감정을 "마이 볼!"이라고 외치며 마음대로 조정하려고 드는 것이다. 아이의 감정은 내 것이 아니다. 이럴 때는 차라리 한 발 물러나거나 그 자리를 피하는 게 아이의 감정을 존중해주는 것이다.

"응. 그래도 나는 여전히 너를 사랑해"

사춘기 아이들은 자신이 어른이 된 것처럼 굴지만, 한편으로는 끊임없이 부모의 사랑을 확인하고 싶어 한다. 다만 사랑을 확인하는 방식이 다소 비상식적이다. 마치 "내가 이렇게까지 하는데도 여전히 날 사랑해요?"라는 식이다. 스스로 다 컸다고 생각하지만 아이들은 본능적으로 안다. 여전히 자신이 미성숙하고 불안정한 존재라는 사실을 말이다. 그래서 부모의 품속으로 다시 들어가 숨고 싶지만 한번 발을 디디면 다시는 빠져나오지 못할 것 같은 불안감 때문에 부모의 감정을 툭툭 건드리며 인내심을 시험한다. "응. 그래도 나는 여전히 너를 사랑해"라는 말을 듣고 싶은 것이다.

그러나 평소 "노터치"를 외치며 제멋대로 하다가 불리할 때만 어린 아이처럼 군다면 그 모습이 곱게 보일 리 없다. '오냐 오냐 해줬더니 머리 꼭대기까지 올라오네! 어디 매운맛 한번 볼래?'라는 식으로 감정을 폭발시키게 된다. 사춘기 아이와의 싸움이 특히 힘든 이유는 '공격성' 때문이다. 평생 말썽 한번 부리지 않던 아이가 한껏 이빨을 드러낸 야생동물처럼 굴면 부모는 순간 당황하게 된다.

현대 사회에서 공격성은 부정적인 것, 나쁜 것으로 간주되지만 '적당한 공격성'은 인간 생존에 반드시 필요한 요소다. 사실 아이들의 공격성은 다른 사람보다 뛰어나고 싶은 욕구, 상대에게 지고 싶지 않은 마음에서 비롯된 것이므로 이를 적절하게 활용하면 커다란 동기부여가 된다. 때로는 이 공격성이 부모를 이기려는 안간힘으로 나타나기도 한다. 부모라는 거대한 벽에 부딪치면서 자신이 생각보다 나약하지 않음을 확인하려는 것이다. 다만 지나친 적대성과 공격성은 치료 대상이다.

맹수를 만났을 때 생존하기 위한 가장 좋은 방법은 재빨리 도망치는 것이다. 아이와의 싸움이 걷잡을 수 없이 커질 때는 조금이라도 더 이성적인 부모가 먼저 정신을 차리고 그 자리를 벗어나야 한다. 좀 더 성숙된 부모라면 유머로 상황을 종결시킬 수도 있다. "내 방이니까 나가 주세요"라고 말하는 아이에게 "네. 방주인님, 집주인님은 이만 나가 볼게요"라는 식으로 말이다.

*

아이는
감정 쓰레기통이 아니다

분노는 힘이 세다. 그 힘이 어찌나 센지 감정의 주인인 내가 분노의 지배를 받을 때가 많다. 분노는 통제의 시간을 허락하지 않는다. 인간은 육체적·정신적 상처를 입으면 본능적으로 자신을 보호하기 위한 경보장치를 작동시킨다. 자존감에 상처를 입느니 분노라는 이름으로 상대를 먼저 공격하여 상황을 제압하려고 한다. 게다가 분노는 순간적인 폭발력이 너무 강해 그 속에 숨어 있는 다른 감정을 들여다보기 어렵게 만든다.

"어떻게 하면 분노를 조절할 수 있을까요"라는 한 방청객의 질문에 법륜 스님은 "전기충격기로 신체적 충격을 주면 분노와 화를 조절할 수 있다"라고 답했다. 이는 그만큼 분노를 조절하는 게 어렵다는 말일 것이다.

문제는 분노의 습관화다. 작은 자극에도 화내는 게 습관화되면 사소한 일에도 자동적으로 성질부터 부리게 된다. 그리고 이런 습관화는 우리의 감각을 마비시킨다. 상담에서 만난 한 여성은 배우자가 자기 뜻을 거스른다고, 아이가 순종적이지 않다고, 친정 부모님이 관대하지 못하다고 화를 냈다. 안타깝게도 그녀의 하루는 화로 시작하여 분노로 끝나는 듯했다.

만약 나 자신을 내가 원하는 모습으로 바꿀 수 있다면 눈치 없이 터져 나오는 분노부터 잠재울 것이다. 나도 나 하나를 어쩌지 못하면서 타인에게 '내가 바라는 사람'이 되라고 강요하고 그걸 받아들이지 않을 때마다 분노하는 건 말이 안 된다.

나의 행복이 곧 너의 슬픔, 공감의 간극

그렇다고 분노가 늘 나쁜 것도 아니다. 억울하고 화나는 상황에서는 누구라도 그 감정을 적절하게 드러낼 수 있어야 한다. 울고 싶을 때 펑펑 울고, 소리를 지르고 싶을 때 "악" 하고 소리라도 내야 마음이 건강해진다. 다만 자신과 상대가 상처를 입거나 마음이 다치지 않는 방식으로 해야 한다. 아이처럼 무조건 떼를 쓰거나 길바닥에 드러누워 "지금 화가 났으니 내 마음을 알아주세요"라고 말할 수는 없지 않은가.

혹자는 기쁨은 나누면 두 배가 된다고 말한다. 하지만 행복하고 즐거운 감정 역시 무턱대고 타인과 공유할 수 있는 게 아니다.

얼마 전 옥스퍼드대학 최종 면접을 끝낸 아들을 둔 지인을 만났다. 그녀는 주변에 아들을 자랑하고 싶었지만 이상하게도 기쁜 마음을 흔쾌히 드러내지 못했다고 한다. 대입에 실패했거나 원하는 대학에 입학하지 못한 자녀를 둔 친구 앞에서 아들의 이야기를 꺼내기가 쉽지 않더라는 것이다. 그녀는 나만큼 행복하거나 나보다 더 행복한 사람 앞에서만 행복과 기쁨을 공유할 수 있음을 깨달았다. 이 경험을 통해 자신의 행복이 누군가에게는 슬픔이 될 수도 있다는 사실을 알게 되었다고 한다.

우리가 감정 표현에 서툰 이유, 특히 부정적 감정을 다루기 어려워하는 이유는 문화적·환경적 영향이 크다. 옛날부터 우리나라 사람들은 좋은 일이나 행운을 가져오는 일은 천기누설이라고 해서 함부로 발설하지 못하도록 했다. 아이가 수능 점수를 잘 받았어도 합격 발표 전이면, 행여 엄마의 입방정으로 일을 그르칠까 싶어 그 결과가 나올 때까지 관련된 이야기를 함구하는 부모도 있다.

반면 서양 사람들은 "말하는 대로 이뤄진다"는 믿음이 강하다. 간절히 원할수록 더 많이 드러내고 크게 외치면 온 우주가 자신의 염원을 이룰 수 있도록 도와준다고 믿는다. 그래서 아이들에게 "꿈이 있으면 크게 외쳐!" "사람들에게 소문내!"라고 말한다.

결론적으로 긍정의 감정은 자신의 의지와 상대에 따라 드러내거나 감출 수 있는 통제 가능한 감정이다. 하지만 분노는 통제가 어렵다. 극도로 화가 난 상황에서는 '그래, 저 사람도 그럴 만한 사정이 있겠지'라는 생각 자체가 들지 않는다. 오로지 '너 죽고 나 죽자'라는 생각만 든다. 그러므로 평소 좋은 습관의 파이를 나쁜 습관의 파이보다 크게 만드는 훈련을 해야 한다.

콩을 가지고 스스로를 점검한다, 이두자검

사소한 일에 짜증과 화를 참지 못하는 엄마, 무조건 자신의 말이 맞다고 으름장을 놓는 아빠의 모습을 보면서 아이들은 분노를 배우게 된다. 그래서 자녀를 둔 부모의 분노는 자신만의 문제로 끝나지 않는다.

개인적으로 부모들에게 나쁜 감정 처리법, 분노조절법으로 이두자검(以豆自檢)을 권한다. 써 이(以), 콩 두(豆), 스스로 자(自), 점검할 검(檢)은 '콩을 가지고 스스로를 점검한다'는 뜻이다.

이를 위해 검정콩 한 주먹과 흰콩 한 주먹, 빈 그릇 한 개를 준비

한다. 아이에게 좋은 말을 하거나 화나는 순간을 잘 넘겼으면 그릇에 흰콩을 하나 넣고, 반대의 경우에는 검정콩 하나를 넣는다. 번거롭다는 생각이 들면 앞치마 주머니나 바지 주머니에 공깃돌을 넣는 방법도 있다. 오른쪽 주머니는 칭찬했을 때, 왼쪽 주머니는 화냈을 때 공깃돌을 넣는다. 그리고 매일 밤 아이가 잠들고 나면 무슨 색의 콩이 많은지 확인해 보라. 그 작은 몸으로 온종일 엄마의 분노와 비난의 화살을 받아냈을 아이를 생각하면 내일은 검정콩보다 흰콩을 더 많이 넣어야겠다는 생각이 들 수밖에 없다. 그러다 보면 어느 순간 흰콩이 점점 더 많아지는 순간이 온다. 이두자검 비법을 '오늘은 감정을 잘 다스리고 칭찬을 많이 했네. 엄마가 내일은 더 잘할게'라는 다짐의 도구로 활용하는 것도 좋다.

실제로 이두자검을 실천에 옮긴 사람들의 말에 따르면 이상하게 평소보다 아이의 장점이 잘 보였다고 한다. 흰콩의 개수를 늘리기 위한 노력이 아이의 장점 발견으로 이어진 것이다. 당연히 아이를 혼내는 일도 줄어든다.

이 방법의 장점이 또 하나 있다. '좋은 엄마가 되고 싶다'라는 생각은 막연하고 추상적 욕구일 뿐 어떻게 해야 좋은 엄마가 되는지 쉽게 감을 잡을 수가 없다. 하지만 날마다 조금씩 증가하는 흰 콩의 개수를 보면 '오늘은 8번이나 칭찬했네. 어제보다 좋은 엄마가 되고 있구나'라는 생각이 든다. 좋은 엄마의 모습이 구체적으로 그려지는 것은 물론, 어제보다 오늘 흰콩을 더 많이 넣겠다는 각오는 엄마의 육아 효능감을 상승시킨다. 무엇보다 스스로의 노력을 가시화하고 수치화해서 보는 것만으로도 화를 참는 데 도움이 된다.

올바른 목적을 위해 화를 낼 것

아리스토텔레스는 "누구나 화를 낼 수 있다. 그것은 쉬운 일이다. 그러나 올바른 대상에게 화를 내는 것, 적당하게 화를 내는 것, 적절한 시기에 화를 내는 것, 올바른 목적을 위해 화를 내는 것, 올바른 방법으로 화를 내는 것은 어려운 일이다"라고 말했다.

화내지 않고 아이를 키운다는 건 사실상 불가능하다. 그렇다면 올바른 대상에게 올바른 목적으로 올바른 방법을 통해 화를 낼 줄 알아야 한다. 이 모든 게 어렵다면 최소 다른 사람에게 받은 상처를 내 아이에게 쏟아내지 않도록 노력하자. 아이는 부모의 화를 받아내는 감정 쓰레기통이 아니다.

*

정서적 독립에 대처하는 우리의 자세

고사리손을 엄마의 얼굴에 대고 "엄마의 눈 속에 내가 있네. 엄마가 ○○를 사랑하니까 엄마 눈 속에 내가 있나 봐요"라고 천사같이 말해주던 아이가 어느 날 갑자기 다른 아이가 되어버린다. 사소한 일에도 예민하고 까칠하게 반응하고 아무것도 아닌 일에 자꾸 신경질을 부린다. 마치 '한번 당해 봐라'는 식으로 부모가 싫어하는 행동을 골라 하기 시작한다.

초등학교 고학년만 되어도 "엄마는 아무것도 모르면서…"라며 부모의 말을 잔소리로 치부하는 아이가 많다. 잘못된 행동을 지적하면 "다른 애들도 다 그런다고!"라며 방문을 쾅 닫고 들어가 버린다. 아이는 자신의 생각을 말한 것이지만 다듬어지지 않은 거친 표현이 부모에게는 반항처럼 느껴진다. 그렇다고 부모가 정제된 언어로 아이를 대하는 것도 아니다. 부모 역시 사람인지라 똑같이 거친 단어를 쓰고 신경전을 벌이며 아이와 대립각을 세운다.

초등학교를 졸업하기 전 아이들의 투쟁은 주로 학습이나 생활 습관과 관련되어 있어 부모의 제어가 가능한 수준이다. 하지만 사춘기에 접어든 아이들의 투쟁은 본질적으로 다른 영역에서 시작된다. 부모의 통제에서 벗어나 자율성과 독립성을 확보하고 싶다는 몸부림이기 때문이다.

부메랑으로 돌아온 가르침

우리는 아이들에게 자신의 욕구를 솔직하게 표현하라고 가르쳤다. 그런데 아이들이 사춘기가 되면 이 가르침이 부메랑이 되어 돌아온다. 부모의 상황이나 사정은 생각지 않고 거침없이 자신이 원하는 것을 요구하는 아이들의 당돌함이 부모를 당황하게 만든다.

크든 작든 돈을 저축하고 한 푼 두 푼 아껴 집 한 채를 마련한 부모는 사회생활을 시작하기도 전에 연애, 결혼, 출산, 취미, 인간관계, 신체적 건강, 꿈과 희망 등을 포기한 N포 세대를 이해하기가 어렵다. 자신의 능력으로 자수성가한 부모는 안전 지향적인 요즘 아이들의 성향이 답답해 보인다. 또한 인내와 끈기를 미덕으로 알고 자란 부모는 클

릭 한 번으로 음식을 시켜 먹고 쇼핑을 끝내는 게 익숙한, 그래서 지루함을 견디지 못하는 아이들을 의지가 부족하다고 해석한다.

"자식 겉 낳지 속은 못 낳는다"라는 속담이 있다. 맞는 말이다. 내 몸을 빌려 세상에 나왔지만 부모조차도 아이의 속은 알 수 없다. 머리로는 분명 '자식은 내가 아니다'라고 생각하면서도 많은 부모가 무의식적으로 '아이는 곧 나다'라고 동일시한다. 보상 심리가 강한 부모만 이런 생각을 하는 게 아니다. 대부분의 부모가 아이와 자신을 분리시키지 못하고 아이가 자기 마음 같기를 바란다. 아이는 부모와 정서적으로 분리될 때 성숙하며 건강한 인간으로 혼자 설 수 있다.

정서적 독립이 어려운 이유

뛰어난 학업 성적을 요구하는 부모의 뜻에 따라 엘리트 코스만 밟아 온 30대 남성이 있다. 그런데 그는 어린 시절부터 지금까지 단 한 번도 부모의 칭찬을 받아 본 적이 없다고 한다. 만화가를 꿈꿨지만 공대를 가라는 부모의 뜻에 따라 박사 과정까지 밟았음에도 아버지는 늘 불만스러운 표정으로 그를 바라봤다.

어머니는 아들이 외국계 기업에 취업하기를 바랐다. 하지만 그는 어머니가 원하는 기업에 취업하기를 거부했다. 아내와 아들을 한국에 두고 3년 동안 해외로 나가야 했기 때문이다. 현재 그는 국내 한 기업의 연구원으로 취직해 안정된 직장생활을 하고 있다. 하지만 그의 어머니는 여전히 그의 결정을 못마땅하게 생각한다. 기회만 있으면 아들에게 전화를 걸어 본인이 원하는 직장으로의 이직을 요구하고 있다. 이에 참다못한 아내가 그에게 소리쳤다. "자기는 어머니 소유물이야? 왜 어머니는 아직까지 자기를 놓아주지 못하는 거야!"

오랜만에 보는 아들의 엉덩이를 두드리며 "아두우울, 우리 아두울 왔쪄"라고 어린 아이 대하듯 하는 엄마도 있다. 아들의 나이가 서른 중반인데도 말이다. 부모가 자식이 예쁘다는데 뭐가 잘못이냐고 말할 수도 있겠지만 유아어에 가까운 말투로 성인 자녀를 대하는 것은 격에 맞지 않다. 세 살 아이의 엉덩이를 두드리며 불렀음직한 "아두우울"은 품 안의 자식일 때나 어울릴 법한 호칭이다. 이런 사소한 호칭 하나로도 아이의 정서적 독립은 불가능해진다.

정서적 독립은 부모와 자식 간의 단절을 의미하는 게 아니다. 부모와 자녀가 각자 독립된 인격체로서 새로운 관계를 형성하는 데 그 목적이 있다.

안락함과 맞바꾼 우울과 무기력

여성의 경우 육아가 독립의 발목을 잡는다. 요즘은 친정 부모나 시부모의 도움 없이 아이를 키우기 어려운 환경이다. 청소와 빨래 등 집안 살림을 물론이고 밑반찬까지 부모의 도움을 받는 상황에서 정서적으로 독립한다는 것은 사실상 불가능하다. 실제로 주변을 보면 결혼 후에도 친정 엄마에게 유통기한이 지난 음식 때문에 혼이 나고, 냉장고 청소와 밀린 고지서에 대한 잔소리를 듣는 사람이 적지 않다. 잠깐의 잔소리를 견디면 부모로부터 얻을 수 있는 물질적 편리가 많다 보니 그저 참고 견디는 것이다. 이런 경우 평생 품 안의 자식으로 살 수밖에 없다.

이런 사람들은 자신이 아직 부모로부터 진정한 독립을 하지 못했기에 본인의 자녀 역시 독립을 시키기 어렵다. 자신이 아직 부모님으로부터 관리와 감독을 받고 있다 보니 무의식적으로 자신의 아이 역시 통제하는 게 당연하다고 생각한다. 그런데 부모가 게임하는 시간, 공부하는 시간, 친구 만나는 시간, TV 보는 시간을 모두 정해버리면 아이가 할 수 있는 건 반항밖에 없다. 독립된 개체로 서기 위해선 스스로를 모니터하고 통제할 수 있는 시간이 필요하다. 하지만 이 기회 자체가 주어지지 않으니 아이는 억울하고 답답할 뿐이다.

동물원에 갇힌 동물에게는 안락한 잠자리, 풍부한 먹이, 천적과 질병으로부터의 보호 등 많은 혜택이 따른다. 다만 생존을 보장받는 대신 우울증과 무기력을 얻을 뿐이다. 이처럼 지속적으로 자유를 통제받는 동물들은 먹이를 거부하고 벽에다 계속 머리를 박거나 우리 안을 빙빙 돌며 자신의 꼬리를 물어 댄다. 불안과 스트레스를 해소하기 위해 반복적으로 이상행동을 보이는데, 이를 정형행동*stereotyped behaviour* 이라고 한다. 스트레스는 자신이 감당하기 어려운 상황에 놓였을 때 느끼는 심리적·신체적 긴장 상태를 말한다. 어떤 학자는 스트레스를 정서적 안정을 유지하기 위해 무의식적으로 일어나는 저항 반응이라고 설명한다. 사람의 입장에서 보면 동물원이 그리 나쁠 것 없는 조건이지만 동물의 입장에서는 춥고 배고파도 자신의 의지대로 행동할 수 있는 자연이 훨씬 나을 수 있다.

물고기는 바다가 아닌 수족관에 있을 때 가장 안전하다. 하지만 자유를 누리기 위해서는 거센 물살을 거슬러 더 깊고 어두운 바다로 헤엄쳐 나가야 한다. 언제까지 우리 아이들에게 수족관에 들어앉아 거친 바닷속을 헤엄치는 등 푸른 자유를 그리워하라고 할 것인가.

chapter4.

귀 열어,
잔소리 들어간다

*

쪼그만 게 벌써부터 거짓말이야

많은 연구자가 인간은 타고난 거짓말쟁이라고 이야기한다. 특별히 누가 가르쳐주지 않아도 본능적으로 거짓말을 터득하게 된다는 것이다. 인지과학자 데이비드 리빙스턴 스미스David Livingstone Smith는 인간을 호모 팔락스Homo Fallax, 즉 '속이는 인간'으로 정의하기도 했다. 거짓말을 잘하는 사람일수록 생존과 진화에 유리하다는 것이다.

실제로 아이는 빠르면 두 살, 평균 서너 살을 전후로 의도적인 거짓말을 시작한다. 네 살 아이는 두 시간에 1번, 다섯 살 아이는 한 시간 반에 1번씩 거짓말을 하며, 여섯 살 아이의 95퍼센트가 거짓말을 한다는 연구 결과도 있다. 부모는 "아니, 저 쪼그만 머리에서 어떻게 거짓말이 술술 나오지?"라며 당황하지만, 아이들의 자연스러운 발달 과정 중 하나다. 만약 어린 아이가 조금의 거짓도 없이 자기 생각을 있는 그대로 말한다면 우리는 매일 아침 이런 풍경을 맞이하게 될지도 모른다.

"엄마, 배가 어제보다 더 뚱뚱해졌어요."

"아빠, 냄새가 너무 심해서 뽀뽀하기 싫어요."

아이들이 거짓말하는 심리

거짓말하는 아이의 심리는 어른의 그것과 유사하다. 자신의 잘못이 드러나지 않기를 바라는, 일단 상황을 피하고 보자는 두려움에서 발생하는 일종의 회피기제다. '내가 잘못한 걸 엄마가 알면 날 사랑하지 않을 거야'라는 마음이 "내가 안 그랬어" "몰라"라는 거짓말을 하게 만든다. 또한 객관적 상황보다 자신의 억울함이 더 크게 느껴지는 것도 이유가 될 수 있다.

형제가 토닥거리다가 몸싸움이 일어났다고 하자. "그만해"라는 부모의 말에 동생은 "형이 먼저 때렸어"라며 자신의 억울함을 표현한다. 동생이 먼저 형을 때린 게 분명한데도 말이다. 이때 부모는 '얘가 거짓말을 하네'라고 생각하지만 아이의 입장은 다르다. 자신이 때린 것보다 형에게 한 대 맞은 일이 더 강하게 뇌리에 박혔기 때문이다. 그래서 자신이 먼저 대들고 때렸지만 형이 먼저 자신을 때렸다고 기억하는 것이다.

어린 아이의 거짓말은 흔히 말하는 사회화 과정 가운데 하나다. 그래서 외둥이보다 형제자매가 있는 아이, 특히 늦둥이가 또래에 비해 거짓말을 더 빨리 배우고 진실과 거짓에 대한 분별력도 더 일찍 생긴다고 한다. 아이는 이런 과정을 통해 본능적으로 자신의 말과 행동이 상대방에게 어떤 영향을 미치는지 깨닫는다. 상대가 불쾌하게 느끼거나 기분 나쁠 수 있는 말이라고 생각되면 기분이 상하지 않는 쪽으로 바꿔 말하는 요령을 익히는 것이다.

그러므로 부모는 악의 없는 아이의 거짓말에 세상이 무너지는 듯한 반응을 보일 필요가 없다. "우리 아이는 안 그럴 줄 알았어요" "세상 순진한 아이가 어떻게 부모를 속이려고 거짓말하는지 이해가 안 돼요"라고 말하는 부모들이 있는데, 이는 아이의 발달 과정 자체를 무시한 프레임이다. 그리고 너무 오래된 기억이라서 잊었겠지만 우리 역시 이런 통과의례를 거쳤다.

판타지 속에서 사는 꼬마 소설가

아이의 사회화 과정을 이해하지 못하고, 어린 아이의 거짓말에 어른의 잣대를 들이대는 것은 위험하다. 거짓말하는 습관을 바로잡겠다면서 "도대체 뭐가 되려고 벌써부터 거짓말을 해! 얘, 큰일 나겠네"라는 말을 반복적으로 하는 부모도 있는데, 이는 그리 바람직한 행동이 아니다. 아이가 사소한 거짓말을 할 때마다 부모가 이런 식으로 대응하면 아이는 스스로를 '나는 거짓말만 하는 나쁜 아이'로 생각할 수 있다. 스티그마 효과stigma effect, 즉 낙인 효과 때문이다.

유아기의 아이들은 판타지 속에서 사는 꼬마 소설가와 같다. 할 수 있는 말이 늘면서 나름 언어유희를 즐기지만, 어제 일과 현재 일을 잘 구별하지 못하다 보니 자칫하면 거짓말하는 것처럼 보일 수도 있다. 그래서 유아기 아이의 거짓말은 '지어낸 이야기'에 가깝다고 생각하는 것이 맞다. 자신의 세계에서 펼쳐지는 일을 가감 없이 전달하는 나이이므로, 이때 부모는 꼬마 소설가의 말에 그저 열심히 귀 기울여주면 된다.

다섯 살 미만의 아이는 생각과 공상, 상상과 현실을 구별하지 못해 거짓말이 아닌 거짓말을 한다. 한 마디로 환상과 현실에 대한 경계가 모호한 나이다. 이 시기 아이들이 보는 그림책을 보라. 그림책 속에서는 고양이, 쥐, 고슴도치도 말을 한다. 길냥이는 단지 "야옹" 했을 뿐인데 아이는 "안녕"이라고 알아듣기도 한다. 아이가 식탁 위에서 장난을 치다가 우유를 엎지르고는 "삐삐가 그랬어"라며 옆에 있는 강아지를 가리킨다고 하자. 이때 "강아지가 어떻게 식탁 위에 있는 우유를 엎질러! 자꾸 핑계 댈 거야?"라며 굳이 아이의 거짓말을 들출 필요 없다. '삐삐가 우유를 엎질렀으면 좋을 뻔했다고 생각하는구나' 정도로 여기고 넘어가면 된다. 그리고 아이와 함께 엎지른 우유를 닦는다.

고의적인 거짓말이 시작되는 시기

유치원 시기부터는 아이의 거짓말에 조금 다른 반응을 보일 필요가 있다. 이 시기 아이의 거짓말은 어른에게서 혼날지도 모른다는 두려움과 수치심에서 비롯되는 경우가 많다. 한 예로 유치원에서 아이가 실수로 바지에 소변을 봤다고 치자. 아이가 집에 돌아오기 전 부모는 이미 유치원 선생님에게서 아이가 바지에 실수한 일을 전달받았다. 그런데 집에 돌아온 아이는 부모가 뭐라고 하기도 전에 "선생님이 화장실을 못 가게 했어"라고 하거나 "친구가 화장실에 못 가게 했어"라고 말한다. 이때 하는 아이의 거짓말은 핑계에 가깝다. 창피함을 들키고 싶지 않아서 다른 핑곗거리를 찾는 것이다. 이때는 시시비비를 가리기보다 아이의 수치심을 어루만지고 다독거려주는 게 먼저다.

"그랬구나. 다행히 옷은 갈아입었네."

"응, 선생님이 갈아입혀 주셨어."

"아, 그래, 선생님이 갈아입혀 주셨구나. 고마운 선생님이네."

부모의 근심이나 걱정을 드러내는 것이 아니라 팩트만 말해줘도 아이의 부끄러움과 창피함은 줄어든다. 아이가 어느 정도 안정을 찾고 나서, 그러니까 사실대로 말해도 별 문제가 없다는 것을 인지할 정도가 되면 "근데 왜 친구가 화장실을 못 가게 했을까?"라고 물어본다. 긴장이 풀린 아이는 배시시 웃으며 "응. 엄마, 사실은 친구가 그런 게 아니야. 내가 그런 거야"라고 말할 것이다. 아이들은 언어적 한계로 자신의 마음을 제대로 전달하지 못하는 경우가 많다. 이때는 부모가 아이의 마음을 미리 읽어주고 보듬어줘야 한다.

초등학교 3, 4학년 정도가 되면 거짓말의 양상이 크게 달라진다. 부모를 속이기 위한 고의적인 거짓말이 시작된다. 아이의 거짓말에 고의적이고 악의적인 의도가 보이기 시작하면 부모는 이전보다 엄격해져야 한다. 어린 아이를 대하듯 이해하고 용서로만 접근하면 아이는 습관적으로 '악의적인 거짓말'을 일삼게 된다.

이 시기 아이들의 거짓말을 훈육할 때 주의해야 할 것이 하나 있다. 아이가 자신이 거짓말한 사실을 시인하고 진실을 말하면 다시는 그렇게 하지 않겠다는 다짐을 받아야 한다. 그리고 나서 "엄마는 너를 믿어"라고 아이를 다독여줘야 한다. 나름 용기를 내어 사실대로 말했는데 계속 거짓말했다고 야단맞으면 아이는 사실대로 말하는 게 불리하다고 느낀다. 차라리 거짓말로 재빨리 상황을 종료시키는 게 유리하다는 것을 몇 번 경험하면 자신도 모르게 습관처럼 거짓말을 하게 된다.

아이의 성향 파악이 먼저다

아이의 성향에 따라 부모의 대응도 달라질 필요가 있다. 자존심이 강한 아이라면 무조건 화를 내기보다는 "엄마 실망했어"라고 표현하는 것이 좋다. 이때는 아이 자체, 즉 '너라는 사람'에 대한 실망이 아니라 '거짓말하는 행동'에 대한 실망이라는 점을 꼭 인지시켜 줘야 한다. 자존심이 강한 아이는 부모를 실망시키지 않기 위해서라도 거짓말을 포기하게 될 것이다.

불이익당하는 걸 싫어하는 아이라면 거짓말로 인해 일어나는 '손해'에 대해 말해주는 게 좋다. "네가 거짓말하면 게임이든 운동이든 못하게 돼"라든가 "네가 거짓말해서 이번 주말 나들이는 취소야"라는 식으로 말이다. 이때 부모는 아이에게 다른 대안이 없음을 분명하게 알려줘야 한다. 아이의 눈물에 마음이 약해져 부모가 먼저 "네가 잘못했지? 제대로 반성한 거야? 알았어. 그럼 이번만 봐주는 거야. 그때 뭐 먹고 싶어?"라는 태도를 보이면 아이는 자신의 거짓말로 손해는커녕 이득만 보는 경험을 하게 된다. 나들이도 즐거운데 자신이 먹고 싶은 것까지 얻어냈으니 아이의 입장에서는 손해 본 게 하나도 없는 셈이다. 가르칠 건 확실하게 가르쳐야 한다.

논리적이고 이성적인 아이라면 꾸짖고 벌을 주거나 조건을 걸기보다 아이가 납득할 수 있는 말로 충분히 설명해주는 과정이 필요하다. 단 어른의 입장이 아니라 아이의 입장, 아이의 눈높이, 아이의 언어로 설명해줘야 한다. 이런 유형의 아이는 스스로 이해하고 납득해야 행동으로 옮기기 때문이다.

사람과 상황을 구분할 것

아이의 거짓말이 명백히 드러났는데도 "우리 착한 ○○는 거짓말을 할 리 없어, 그렇지?"라며 상황을 묵인하는 것도 문제다. 내 아이가 기죽을까 봐, 다른 아이들도 그 정도 거짓말은 한다는 생각으로 골든타임을 놓치면 아이는 거짓말을 습관처럼 하게 될 것이다. 부모의 말대로 아이가 뭘 몰라서 거짓말을 할 수도 있지만, 모르는 것은 거기까지다. 부모는 아이에게 '거짓말을 하면 안 된다'라는 윤리적 기준을 알려줘야 하는 사람임을 잊어선 안 된다.

마지막으로 아이에게 도덕적 규범이나 잣대를 가르칠 때 부모는 재판관이나 판단하는 자가 되어선 안 된다. 사람과 상황을 구분할 줄 알아야 한다는 말이다. 거짓말하는 아이의 '행동'을 나무라는 것이지 '아이 자체'를 혼내는 것이 아님을 반드시 인지시켜 줄 필요가 있다.

*

공부하는 꼴을 못 봤어

현관문을 열자 소파에 널브러져 TV를 보며 낄낄대는 아이가 보인다. 오늘 공부할 분량을 다 마치면 TV를 볼 수 있게 해준다고 했는데, 마트에 다녀온 그 잠깐을 못 참은 모양이다.

"어? 엄마 벌써 왔어?"

'벌써'라는 단어에 엄마의 마음이 엉클어지고 만다.

"넌 맨날 TV만 보니?"

'누구는 굳이 말하지 않아도 집에 돌아오면 숙제부터 한다는데…'라는 생각이 들자 아이에 대한 실망감이 몰려온다. 엄마는 엉클어진 마음을 톡 쏘는 말로 내뱉으며 장바구니를 던지다시피 내려놓는다. 아이도 지지 않는다.

"내가 언제 맨날 TV만 봤다고 그래?"

엄마가 본 팩트와 아이의 진실 사이에서 갈등이 첨예하게 대립하는 순간이다.

화가 난 엄마는 아이에게 학습지를 가져와 보라고 한다. 학습지를 보니 맞은 문제보다 틀린 문제가 더 많다. 엄마는 "이 문제는 지난주에도 풀었던 거잖아"라며 목소리를 높인다. 이 말에 아이는 고개를 숙이고 입을 다문다. 결국 "도대체 너는 뭐가 되려고 이러느냐"라는 엄마의 일방적인 잔소리로 대화는 종료된다.

그런데 아이는 아이대로 억울하다. 분명 엄마와 약속한 공부 분량을 다 마쳤다. 그리고 엄마와 한 약속은 학습지 100점 맞기가 아니라 학습지 5장 풀기였다. 아이는 나름 약속을 지키기 위해 노력했는데, 엄마가 이를 인정해 주지 않는 것이다. 억울한 아이는 '어차피 엄마는 보고 싶은 것만 보니까'라며 자기합리화를 한다. 상처 입은 자아를 더 실망시키지 않기 위해 그럴듯한 구실을 가져다 붙인다.

자신이 보고 싶은 것만 보게 만드는 선택적 지각

인간은 누구나 자기가 보고 싶은 대로 보고, 믿고 싶은 대로 믿도록 프로그래밍되어 있다. 이를 '선택적 지각selective perception'이라고 한다. 인간의 뇌는 새로운 정보를 받아들이면 기존의 정보, 즉 고정관념과 충돌을 피하기 위해 선택적 지각을 하게 된다. 그런데 이 과정은 거의 무의식적으로 일어난다. 이를테면 의식적으로 다른 집 아이와 비교하지 않으려고 해도 옆집 아이의 똑똑함만 눈에 띄는 식이다. 습관적으로 선택적 지각을 하게 되면 반드시 '선택적 주의selective attention'가 따라온다. 다양한 정보 가운데 특정한 정보, 즉 평소 관심이 가는 정보만 취사선택하게 되는 것이다.

앞서 등장한 엄마를 보자. 지금 이 엄마에게는 아이의 노력이 보이지 않는다. 약속대로 학습지를 다 푼 아이의 모습은 눈에 보이지 않고 지난주에 풀었던 문제를 또 틀린 것에만 집중하고 있다. 아마 평소에도 이런 상황이 반복되었을 것이다. 아이가 저녁식사를 차리는 엄마를 돕기 위해 그릇과 수저를 챙기고, 식구들이 대충 벗어놓은 현관의 신발을 가지런히 놓는 모습보다 과제를 제때 하지 않는 모습, 딱 시키는 일만 하는 모습, 습관적으로 TV를 켜 놓는 모습, 공부할 때 집중하지 못하는 모습만 눈에 들어올 확률이 높다.

일반적으로 사람들은 좋은 관계를 유지하기 위해 상대의 이면에 감춰진 의중과 진실을 파악하려고 노력한다. 이 과정을 통해 오해가 풀리고 신뢰가 쌓인다. 그런데 이상하게도 부모와 아이 사이에서는 이 평범한 '관계의 룰'이 지켜지지 않는다. 부모가 보고 부모가 믿는 그대로 사건을 해석하거나 문제를 판단하는 경향이 높기 때문이다.

"엄마는 왜 엄마 보고 싶은 대로만 봐? 엄마 안 볼 때 공부했단 말이야"라는 아이의 말을 믿지 못한다면 그동안 내가 아이를 어떤 프레임으로 바라보았는지 되짚어 볼 필요가 있다.

평소 알아서 잘하는 아이라는 믿음이 있었다면 아이가 TV를 보고 있어도 '그래, 공부하다가 잠깐 쉬는가 보네'라고 생각하게 된다. 반대로 뭐 하나 제대로 하는 게 없는 아이라는 생각을 하고 있었다면 '하라는 공부는 안 하고 또 TV만 보네'라고 느낄 수밖에 없다. TV를 보는 같은 상황을 두고도 부모의 믿음에 따라 "그래, 공부하느라 힘들었지"가 될 수 있고 "공부하는 꼴을 못 봤어"가 될 수도 있다는 이야기다. 평소 부모가 아이를 바라보는 시선으로 팩트를 해석하기 때문이다.

이처럼 같은 상황과 같은 사실을 다르게 보고 다르게 해석하는 것을 '왜곡'이라고 부른다. 이런 왜곡은 가정생활에서 수없이 일어난다. 아이가 내성적이고 수줍음이 많아서 걱정이라는 부모를 보면 본인이 내성적인 사람이 많다. 자신의 콤플렉스를 아이를 통해 왜곡해 보는 것이다. 반대로 아이가 사람들 앞에 나서길 좋아하고 할 말과 해선 안 되는 말을 구분하지 못해 걱정스럽다는 아빠를 본 적이 있는데, 그는 지나치게 직설적인 와이프에게 상처를 많이 받은 경우였다. 아이에게서 자신이 손해 보는 것을 1도 참지 못하는 아내의 모습을 보고 있는 것이다.

부모가 아이를 질책하는 횟수 한 달 평균 666번, 하루 22번

아이와 갈등을 줄이는 방법은 '나'의 팩트와 '너'의 진실이 다를 수 있다는 사실을 인정하는 것에서부터 시작된다. "그래, 네가 그렇게 말한다면 그런 거지"라며 아이의 말을 믿어야만 가능한 일이다.

미국의 한 대학에서 실시한 조사 결과에 따르면 아이가 태어나 다섯 살이 되기 전까지 부모에게 듣는 질책이 최소 4만 번에 이른다고 한다. 한 달 평균 666번, 하루 22번 부모에게서 꾸중을 듣는 것이다. "너를 믿은 내가 바보지" "네가 하는 게 다 그렇지, 뭐"와 같은 말은 아이의 발목을 묶는 족쇄가 된다. 아이는 부모가 한계를 지어놓은 그대로 '아무짝에도 쓸모없는 한심한 사람'이 되어 버린다. 의지와 희망은 함께 사라지기 때문이다.

마지막으로 아이가 잘하는 건 눈에 보이지 않고 게으름을 피우거나 노는 모습만 눈에 들어온다면 아이에 대한 믿음 자체가 약한 건 아닌지 되돌아볼 필요가 있다. 보고 싶은 모습을 보여주지 않는 아이에 대한 원망이 부모의 시야를 흐릿하게 만들 수도 있으니 말이다.

*

내가 너 그럴 줄 알았다

몇 해 전 싱가포르 여행을 갔을 때의 일이다. 여러 사람과 어울려 식물원 투어를 하는데, 한 중년 남성이 갑자기 놀란 목소리로 "아이고, 깜짝이야"라고 말했다. 그의 모자 위로 새똥이 떨어진 것이다. 보통 사람 같으면 "재수 없게" "으악, 난 몰라"라고 했을 텐데 그는 달랐다. 모자를 벗어 새똥을 확인한 뒤 "어떤 녀석인지 감각이 뛰어난 놈이네"라며 웃어 보이기까지 했다. 수돗가에서 모자를 헹구면서도 "새똥을 머리에 맞는 것은 일생에 한 번 있을까 말까 한 로또"라며 일행을 웃게 했다. 오죽하면 그 자리에 함께 있던 초등학생 남자 아이가 "엄마, 저 아저씬 되게 재밌나 봐. 나도 새똥 한 번 맞고 싶어"라고 했을 정도다. 불쾌한 감정을 태도로 만들지 않고 부정적 생각을 행동으로 표현하지 않는 멋진 사람이었다.

인간의 감정은 크게 1차 감정과 2차 감정으로 나뉜다. 1차 감정은 행복이나 분노, 놀람, 공포, 혐오, 슬픔, 기쁨 등 원초적 감정basic emotion으로 어떤 자극에 즉각적이고 본능적으로 나타난다. 인종과 나이, 교육, 경제력과 상관없이 인간이라면 누구나 보편적으로 느끼는 감정이다. 2차 감정은 수치심이나 죄책감, 질투심, 부러움, 자부심 등 후천적으로 학습된 감정interpersonal affect이다. 어떤 자극에 대한 인지적인 평가, 즉 생각을 거쳐 나오는 복합적 정서라고 할 수 있다.

예를 들면 식물원의 그 남성이 머리 위에 새똥을 맞았을 때 깜짝 놀란 것은 1차 감정이고, 이를 "감각이 뛰어난 놈이네"라고 표현한 것은 2차 감정이다. 그는 불쾌한 감정을 재밌고 유머러스하고 즐거운 감정으로 만들어낼 줄 아는 성숙한 사람이었다. 아마도 자신의 감정을 부정당하지 않고 있는 그대로 읽어주는 양육자 아래서 성장했을 가능성이 높다.

'놀란 감정'을 '나쁜 감정'으로 만들지 마라

아이를 키울 때 감정을 억압하지 말고 있는 그대로 읽어주라는 말을 귀가 따가울 만큼 들었을 것이다. 이때 아이의 감정을 알아주는 것만큼 중요한 게 하나 더 있다. 아이를 민망하지 않게 하는 것이다. 아이가 길을 걷다 무언가에 놀라 소리를 질렀다고 치자. 이때 아이가 느낀 1차 감정은 놀람과 공포일 것이다. 그런데 아이는 식물원의 남성처럼 감정을 유머로 승화하기에는 아직 어리다. 그런 아이에게 "별거 아닌 거 갖고 호들갑이야" "자꾸 그러면 다른 사람들이 흉 봐"라는 말로 민망함을 심어주면 단순히 놀랐던 감정이 수치심으로 변하게 된다. 이것이 바로 학습되는 2차 감정이다.

"별것도 아닌데 그렇게 호들갑을 떨면 사람들이 흉을 본다"라는 말을 들으면 아이는 자신의 행동을 부끄럽게 여기게 된다. 놀란 마음이 진정되지 않아 울고 있는데 계속 야단을 치면 수치심을 넘어 '내가 잘못된 건가' '나한테 문제가 있는 건가' 하는 죄책감을 느끼게 된다.

수치심과 죄책감은 동전의 양면처럼 항상 붙어 다니는데 죄책감은 내부 반응, 수치심은 외부 반응을 통해 발생한다. 한 아이가 매일 문제집을 3장 풀기로 부모와 약속을 했다고 하자. 약속대로 3장을 풀기는 풀었는데 정답을 확인해 봤더니 틀린 문제가 많고, 부모에게 이 점수에 대해 평가를 받는다고 생각하면(외부 반응) 아이는 약간의 부끄러움과 수치심을 느낄 수 있다. 그러나 약속을 지키기 위해 최선을 다했으므로 죄책감은 느끼지 않는다.

반면 부모 몰래 정답지를 미리 보고 100점 맞은 문제집을 내밀었다면 상황은 달라진다. 부모가 높은 점수를 본 후 기뻐하고 칭찬하면 아이는 스스로 죄책감을 느끼게 된다.

아이가 느끼는 총체적인 무능감

이런 사례도 있다. 평소 아이와 사이좋게 놀던 강아지가 무슨 일인지 갑자기 아이에게 달려들었다. 깜짝 놀란 아이가 본능적으로 강아지를 밀쳤는데, 이를 본 부모가 "강아지를 때리는 아이는 나쁜 아이야"라고 말한다. '놀란 감정'이 '나쁜 감정'으로 변하는 순간이다. 놀란 사람이 나쁜 사람으로 되어버리는 것이다. 세상에 나쁜 감정은 없다. 다양한 감정이 있을 뿐이다.

아이의 감정을 읽어주는 것이 힘들거나 상황을 무마하고 싶을 때 부모들은 무의식적으로 감정에 대한 비난, 감정에 대한 지적을 한다. "네가 소리 지르는 버릇을 고쳐야 친구가 생길 거야" "네가 무서워하니까 자꾸 무서워할 일이 생기는 거야" 등 "네가 ○○하니까 ○○하는 거야"라며 아이의 감정에 전제를 달아버린다. 이런 이야기를 반복해서 들으면 아이는 '내가 문제구나' '내가 겁쟁이라서 그렇구나'라며 총체적인 무능감을 느끼게 된다.

2차 감정은 사람과의 관계를 통해 학습되는데, 이때 결정적 영향을 미치는 것이 바로 주 양육자의 말과 행동이다. 또래 집단과 또래 문화가 만들어지기 전까지 아이가 맺을 수 있는 관계는 주 양육자가 전부이기 때문이다.

성취동기가 높은 아이와 그렇지 않은 아이의 차이

성취동기*Need for achievement* 연구로 유명한 미국 심리학자 데이비드 클라렌스 맥클랜드*David Clarence McClelland*는 성취동기를 어려운 과제를 성공적으로 수행하도록 만들어주는 잠재적 원동력이라고 정의한다. 성취동기가 높은 사람은 스스로 성과와 목표를 정하고 보상보다 일 자체의 성취에 관심을 가진다고 한다. 맥클랜드는 성취동기가 높은 아이와 그렇지 않은 아이의 차이점을 알아보기 위해 몇 가지 실험을 진행했는데, 블록 쌓기 실험도 그중 하나다.

실험진은 성취동기가 높은 그룹의 아이들과 그렇지 않는 그룹의 아이들을 둘로 나눈 뒤 이들에게 블록 쌓기 놀이를 하도록 했다. 이때 실험진은 아이 옆에 부모를 앉혀두었다. 부모가 직접 블록 쌓는 것은 금지 시킨 반면 아이와의 대화는 허락했다. 이 실험에서 실험진이 살펴본 것은 아이들의 수행 능력이 아니라 부모의 '언어'였다.

모두가 예상하듯 성취동기가 높은 그룹의 부모들은 아이들이 실수를 할 때마다 "잘하고 있어" "조금만 더해 볼까?" "분명히 해낼 수 있을 거야" 등 긍정적인 말로 기운을 북돋았다. 아이들이 낯선 사람에게 평가를 받는다는 '두려움'과 블록이 마음대로 쌓아지지 않는 데서 오는 '불안'이라는 1차 감정에 매몰되지 않도록 2차 감정을 긍정적으로 유도해준 것이다. 반면 성취동기가 낮은 그룹의 부모들은 아이들이 블록을 잘 쌓을 때는 별말 없다가 블록을 무너뜨리거나 실수를 하면 곧바로 "너 그럴 줄 알았어" "천천히 하라고 몇 번이나 말해" "지금 뭐가 문제인지 모르겠어?"라고 말했다. 이런 부모들은 자신의 말과 행동으로 상대가 상처를 입거나 감정이 상할 수 있다는 사실을 인지하지 못한다. 상대가 아니라 내 감정과 상황이 먼저이다 보니 늘 남 탓을 하고, 자신의 억울함을 호소하기 바쁜 것이다.

부모가 아이의 능력을 의심하는 순간

낯선 공간과 낯선 사람, 낯선 과제 앞에 놓인 아이에게 부모는 가장 인정받고 보호받고 싶은 존재다. 그런 존재에게서 자신의 능력을 의심받는 말을 들으면 아이는 수치심과 부끄러움을 느낄 수밖에 없다. 설렘과 기분 좋은 긴장으로 부풀어 올라야 할 마음이 두려움과 공포로 잔뜩 쪼그라드는 것이다. 실험은 여기서 끝나지 않았다.

실험진은 블록을 쌓기 전 보호자들을 대상으로 "당신의 아이가 몇 개의 블록을 쌓을 거라고 예상하는가?"라는 질문을 던졌다. 성취동기가 높은 아이를 둔 부모들은 아이가 실제 쌓은 블록보다 더 많은 블록을 쌓을 것으로 예상했다. 반면 성취동기가 낮은 아이를 둔 부모들은 아이가 실제 쌓은 블록보다 훨씬 적은 개수를 예상했다. 이처럼 부모는 아이의 감정뿐 아니라 능력의 한계를 미리 축소시켜 버리기도 한다.

태국에서는 사육사들이 새끼 코끼리의 발에 큰 사슬을 채운 뒤 나무에 몇날 며칠을 묶어 둔다고 한다. 처음 발이 묶인 코끼리는 나무를 뽑으려고 안간힘을 쓰지만 머지않아 자신의 힘으로는 옴짝달싹 못 한다는 사실을 깨닫는다. 무기력을 학습한 코끼리는 몸무게가 2톤이 넘게 자라지만 작은 말뚝에 묶어놓아도 도망치지 않는다. 아니 도망치지 못한다. 스스로를 너무 일찍 포기한 탓이다.

다른 사람도 아닌 부모가 아이에게 부정적 감정을 불러일으켜 수치심을 심어준다면 그 아이는 결코 긍정적인 자아상을 가질 수 없다. 평생 자신의 능력을 의심하고, 좋은 결과를 얻는다고 해도 그 가치를 평가절하하고, 남과 비교하며 극심한 열등감에 시달리게 된다. 자신의 감정을 제대로 읽어주고 내면을 비춰주는 거울과 같은 어른이 주위에 없다 보니 상대의 감정과 생각을 공감하는 데도 어려움을 겪는다.

부모라면 내 아이의 능력을 의심해선 안 된다. 부모가 아이의 능력을 의심하는 순간부터 아이는 자신의 순수한 노력을 부모에게 보이려고 하지 않는다. 노력하는 과정이 수치심으로 돌아오기 때문이다.

*

집중력 없고 산만한 너를 어쩌면 좋니

아이의 자존감을 높이는 방법은 많다. 결과가 아닌 과정을 칭찬하는 것, 부모의 선택이 아닌 아이의 결정을 존중해주는 것, 작은 성공과 성취의 기회를 접하게 해주는 것, 아이의 감정과 마음을 있는 그대로 읽어주는 것이다. 그리고 자존감을 높이는 또 하나의 방법이 있다. 바로 집중력을 기르는 것이다.

자존감이 낮은 아이들의 행동 패턴을 보면 부모에 대한 의존도가 높고 산만해서 어떤 일을 독립적으로 수행하는 것을 어려워한다. 자신의 마음대로 되지 않으면 사소한 일에도 쉽게 짜증을 낸다. 초등학교 4학년 아이가 운동화 끈이 마음대로 묶이지 않는다고 현관에 앉아 대성

통곡을 하거나 학교에 가기 싫다고 생떼를 부리는 식이다. 자기 자신을 통제하지 못해 일어나는 일이다.

흔히 '집중력 = 좋은 성적'이라고 생각하지만, 집중력은 삶의 질과 자존감을 높이는 데도 많은 영향을 미친다. 집중력이 높다는 말은 곧 자기통제력, 자기절제력, 만족 지연력delay of gratification이 높다는 말과 같다. 숙제를 하기 위해 놀이나 게임을 그만둘 수 있는 힘, 지루하고 재미없지만 어떻게든 과제를 지속해 나가는 힘이 바로 집중력에서 비롯된다.

집중력이 부족해 실패한 경험이 많은 뇌와 완벽하게 집중해 해야 할 일을 제 시간에 끝낸 경험이 많은 뇌는 성공회로 자체가 다르게 생성된다. 이 성공회로는 일의 성공 여부는 물론 자신에 대한 신념까지 결정한다. 이는 '나에 대한 긍정적 신념'을 갖게 하는 자존감으로 이어진다.

인생의 기본 값

감기를 앓으면 항체가 생기듯 아이들 역시 시련을 이겨내는 과정을 통해 마음의 면역력을 키운다. 인사를 잘한다거나 밥을 잘 먹는다는 칭찬을 받으면 자존감이 올라가고, 친구와 싸움에서 지거나 편식한다고 야단을 맞으면 자존감이 내려간다. 자존감의 기본 값이 고정되어 있다고 생각하는 사람이 있는데, 이는 사실이 아니다. 자존감은 상황과 사람에 따라 유동적으로 움직인다.

예를 들어 수학은 못하지만 축구를 잘하는 아이가 있다. 이 아이는 수학 시간에 잔뜩 위축되어 낮은 자존감을 보이지만 축구공을 찰 때는 자신이 마치 호날두가 된 것처럼 운동장을 날아다니며 만렙에 가까운 자존감을 발휘한다. 새로운 학교로 전학을 간 아이는 낯선 환경과 친구들 틈에서 잠시 대인 자존감이 낮아지지만, 집에 돌아와서 엄마와 아빠의 사랑을 듬뿍 받으면 관계 자존감은 다시 회복된다. 부모에게 혼이 나서 잔뜩 풀이 죽었다가도 치킨 한 마리에 세상을 다 가진 듯 행복한 웃음을 지을 수 있는 이유도 여기에 있다.

부모도 마찬가지다. 순간적인 분노를 참지 못해 아이에게 화를 퍼붓고 나면 자존감이 바닥을 치지만, 엄마가 해준 저녁을 맛있게 먹는 아이를 보면 자존감이 어느 정도 회복된다. 그 힘으로 '내일은 화를 내지 말아야지' '아이의 감정을 먼저 읽어줘야지' '아이를 기다려주는 엄마가 되어야지'라고 각오를 다질 수 있는 것이다. 특히 아이의 자존감은 타인에게서 절대적인 영향을 받는다.

어렸을 때부터 "똑똑하네" "영특하구나" "영민하다"라는 말을 듣고 자란 아이는 '스마트함'을 기본 값으로 갖는다. 이런 아이들은 낯선 과제를 접해도 크게 두려하지 않는다. 늘 자신의 똑똑함을 인정받는 자리에 있었기 때문이다.

반대로 "넌 왜 제대로 하는 일이 없니" "왜 다 그 모양이냐"라는 비난을 듣고 자란 아이는 '무능력함'을 기본 값으로 갖는다. "칠칠맞기는…" "야무지지가 못해" "매사에 왜 그렇게 덜렁거리니"라는 말을 듣고 자란 아이는 '꼼꼼하지 못함'을 기본 값으로 갖는다. 이들은 환영보다 지적을 받은 경험이 많다 보니 스스로를 틀 안에 가두고 겁먹은 달팽이처럼 움츠러든다. 자발적 아웃사이더가 되는 것이다.

자기 앞에 있는 사람이 누구냐에 따라 현재의 내가 결정되는 영향도 무시할 수 없다. 한 가지 예로 아이 앞에서 강한 모습을 보이는 부모라도 학교 선생님 앞에서는 이유 없이 어깨가 움츠러든다. 내 아이가 건강하게 자라기만을 바라는 부모라도 야무지고 똑똑한 옆집 또래 아이를 보면 '진짜 건강하기만 한' 내 아이가 걱정되기 시작한다. 이처럼 자존감은 주변에 있는 비교 대상, 다른 사람의 시선과 평가에 따라 얼마든지 달라질 수 있다.

"나를 사랑한다면서 어떻게 이래?"

타인의 시선이나 행동에 흔들리지 않는 건강한 자존감을 가지려면 평정심을 유지할 수 있는 마음의 면역력을 키우는 게 중요하다. 자존감 안정성을 높여야 하는 것이다. 자존감 안정성은 자존감을 일정하게 유지하는 힘, 자존감의 변동 폭을 최소화하는 힘을 뜻한다.

똑같이 100퍼센트의 타격을 받았을 때 120퍼센트의 충격을 받는 사람이 있는 반면 50퍼센트 또는 그 이하의 충격을 받는 사람이 있다. 자존감 안정성이 높은 사람은 위기를 맞거나 누군가에게서 상처를 받아도 '그래, 뭐 그럴 수도 있지'라고 생각한다. 덕분에 외부 요인으로부터 감정이 요동치거나 실의에 빠지는 일이 많지 않다.

반면 자존감 안정성이 낮은 사람은 파도가 심한 때 배에 탄 사람과 같은 일상을 영위한다. 상대의 표정, 말투, 시선에 따라 하루에도 몇 번씩 자존감이 오르락내리락하여 마음이 늘 불안하고 쉽게 안정되지 않는다. 상처를 받게 될까 두려워 작은 일에도 예민하고 자신도 모르게 주변의 눈치를 본다.

자존감이 높으면 이 모든 문제가 해결된다고 생각하지만 딱히 그렇지도 않다. 특히 자존감으로 포장된 자만심은 사회성에 문제를 불러일으키기도 한다. 아이들의 경우에 특히 그렇다. 자만심이 높은 아이는 자신을 세상에서 최고라고 생각한다. 자신이 너무나 소중하고 특별한 존재이기에 모든 사람이 왕처럼 떠받들어주지 않으면 스트레스를 받는다.

이런 아이의 세계에는 남은 없고 나만 있다. 친구에게 상처를 입혀놓고도 "장난을 이해하지 못한다"며 상대를 탓하고, 피치 못할 사정으로 약속을 지키지 못한 부모의 상황도 이해하려고 들지 않는다. 나를 사랑한다면서, 나를 최고라고 말하면서 어떻게 나에게 상실감을 줄 수 있느냐고 하면서 억울해할 뿐이다. 나의 가치를 알고 타인의 소중함을 인정할 줄 알아야 한다. 그것이 바로 건강한 자존감이다.

자존감은 바닥으로, 감정은 요동으로

초등학교 1학년 한정이는 3대 독자로 온 가족의 사랑을 한 몸에 받고 있다. 조부모님이 넘치는 사랑으로 아이를 돌봐주고 있지만 부모의 빈자리를 채워주지 못하는 것 같아서 엄마는 항상 아들에게 미안해했다. 이런 마음 때문에 그녀는 아이가 요구하는 것을 대부분 조건 없이 들어줬다. 특히 무언가를 '사 달라'는 요구를 뿌리치지 못했다. 이런 식으로 사랑을 주는 게 맞나 싶었지만 아이의 욕구를 읽어주라는 말을 방패 삼아 쉽게 지갑을 열었다. 그 덕분에 한정이는 가지고 싶은 건 무엇이든 즉각 대령해주는 부모와 잘못을 해도 "내 새끼 기죽이지 마라"며 역성을 들어주는 할머니와 할아버지를 든든한 배경으로 갖게 되었다.

그런데 초등학교에 입학한 뒤 어쩐 일인지 학교생활에 적응하지 못했다. 아이의 기준으로는 친구들이 자신의 뜻에 고분고분 따라야 마땅한데 친구들은 오히려 한정이가 이기적이라면서 놀이에 끼워주지 않았다. 게다가 선생님은 자꾸 하기 싫은 일을 하라고 했다. 학교에서 온종일 투쟁 아닌 투쟁을 하고 온 아이는 끝내 할머니를 붙잡고 "내일부터 학교 안 갈 거야"라고 선전포고를 했다. 소속의 욕구, 인정의 욕구,

관심의 욕구가 받아들여지지 않다 보니 자존감이 바닥을 치고 감정은 요동을 치는 것이다.

한정이처럼 좌절의 경험이 없고 늘 원하는 것을 가진 아이들은 규칙과 규범, 규율이 있는 어린이집이나 유치원 그리고 학교에서 적응하는데 어려움을 겪는다. 생전 처음 욕구가 좌절되는 경험을 하기 때문이다. 이런 아이들은 자기 마음대로 되지 않거나 원하는 것을 얻지 못하면 때와 장소를 가리지 않고 공격성을 드러내기도 한다. 공격성은 자존감이 낮은 아이들이 보이는 대표적인 증상이다. 부모는 나름 자존감이 높은 아이로 키웠지만, 적응력과 집중력이 낮은 아이로 자란 것이다.

충동을 억제하는 능력, 만족을 지연시키는 능력

집중력이라고 하면 흔히 오랜 시간 자리에 앉아 과제나 업무를 수행하는 능력이나 역량을 떠올리는데 충동을 억제하는 능력, 자기관리 능력, 만족을 지연시키는 능력도 집중력의 한 영역이다. 아이들에게 양치하기, 방 정리하기, 과제하기, 정해진 시간에 잠자기, 시간 약속 지키기, 앞으로 일어날 일 생각하기, 계획 실행하기 등은 집중력이 있어야 가능한 일이다.

어른이 보기에는 식사한 후 이를 닦고, 어린이집에 다녀온 후 가방을 제자리에 놓고, 밖에 나갔다 오면 손을 닦는 일련의 행위가 아무것도 아니다. 하지만 아이들은 다르다. 이 모든 행위는 습관화(자동화)되기 전까지 상당한 집중력을 요한다. 아이들은 집중력이 짧기 때문에 신발을 가지런히 놓고, 손을 닦고, 옷을 정리하는 행위를 동시다발적으로 하기 어렵다. 만약 '외출 후 집에 돌아오면 신발 가지런히 놓기"를 미션으로 삼았다면 이 행동이 습관화되기 전까지 눈에 거슬리는 다른 행동은 눈을 감아줘야 한다. 신발을 가지런히 놓는 것이 습관화될 때까지 한 달 정도 반복 교육을 시킨 후 이 행동이 습관으로 자리 잡으면 다음 과제를 던져주는 식으로 아이에게 좋은 습관을 만들어줘야 한다. 이런 생활 습관이 몸에 배어야만 집중력을 다른 곳이 아닌 학습이나 공부에 사용할 수 있다.

집중력이 부족한 아이는 과제를 끝내지 못한 경험이 많다. 처음에는 수치심과 좌절을 느끼지만 이것이 만성화되면 자신이 게으름을 피우고 산만한 행동을 하는 것을 대수롭지 않게 여기게 된다. 충분한 수행 능력이 있음에도 '귀찮게 느껴지는 타이밍'이 오면 여지없이 과제를 포기한다. 과제를 안 해서 꾸중 듣는 것은 순간이지만 과제를 안 하고 딴짓하는 기쁨은 길기 때문이다. 할 일을 제때 끝내지 못해 꾸중을 듣는 아이의 자존감이 건강할 리 없다. 이런 아이들은 자신에게 문제가 있다는 사실을 알지만, 딱히 해결할 방법을 찾지 못한다. 이를 해결하기 위해서는 무엇보다 '집중력의 한계'에 대한 이해가 필요하다.

보이지 않는 고릴라

하버드대학교 심리학과에서 집중력과 관련해 한 가지 실험을 진행했다. 실험진은 피실험자들에게 흰 옷을 입은 사람들과 검정 옷을 입은 사람들이 팀을 나눠 농구하는 영상을 보여주면서 흰 옷을 입은 사람들이 농구공을 패스하는 횟수를 체크하라는 미션을 주었다. 그런데 영상이 끝난 후 실험진은 피실험자들에게 엉뚱한 질문을 던졌다. "동영상에서 고릴라를 보았는가?"라고 물은 것이다. 실제로 영상 중간에 가슴을 두드리는 고릴라가 9초 등장했는데, 참가자의 절반이 이를 발견하지 못한 것으로 나타났다. 개중에는 자신이 본 영상에는 고릴라가 절대 등장하지 않았다고 말하는 사람들도 있었다. 이것이 바로 그 유명한 '보이지 않는 고릴라' 실험이다.

이처럼 한 가지 일에 몰두해 다른 것을 보지 못하는 현상을 '무주의 맹시*inattentional blindness*'라고 한다. 뇌과학자들은 이런 현상을 무언가에 집중할 때 주의를 분산시키지 않기 위한 뇌의 전략이라고 말한다. 인간의 집중력에는 한계가 있다는 것이다. 인간의 집중력이 무한했으면 흰 옷을 입은 사람들이 공을 패스하는 횟수도 세고 가슴을 두드리는 고릴라도 쉽게 발견했을 것이다. 하지만 뇌는 '한 가지 과제'에 에너지를 보내는 것만으로도 이미 충분히 버거운 상태다. 아이들의 경우에는 더욱 그렇다.

예를 들어 체력적으로 약한 아이가 4개 학원을 다닌다고 치자. 4개

학원이 도보로 가능한 거리에 있으면 다행이지만 차량을 이용해야 한다면 문제가 달라진다. 이동 시간에 많은 에너지를 사용하다 보면 그만큼 수업에 대한 집중도가 떨어질 수밖에 없다. 나름 열심히 노력하는데도 성적이 오르지 않으면 아이는 스스로의 능력을 의심하게 된다. 만약 아이가 학원을 다녀도 별다른 성과가 없고 수업 태도에 대한 지적을 계속 받고 있다면 집중력부터 체크해볼 필요가 있다.

결국 집중력은 공부와 업무 효율을 높이는 것은 물론 자기조절력과 자기통제력에도 결정적인 영향을 미친다. 내 아이에게 건강한 자존감을 선물하고 싶다면 집중력의 한계부터 이해해야 한다. 그래야만 아이에게 무리한 요구를 하지 않고 서로가 원하는 결과를 얻을 수 있다.

*

너는 몰라도 돼, 공부만 열심히 해

아이들이 자주 느끼는 불안 가운데 하나가 바로 무대공포증, 발표불안증이라고 불리는 수행불안Performance anxiety이다. 수업 시간 앞에 나가 수학 문제를 푸는 게 너무 무섭다고 하소연하는 초등학생 자녀를 보며 자신 역시 개학 첫날이 가장 두려웠다고 말하는 부모도 있었다. 그는 자기소개 시간만 돌아오면 식은땀이 나고 심장이 빨리 뛰어 숨 쉬는 게 버거울 정도였다고 한다.

이런 공포는 내성적인 사람만 겪는 문제가 아니다. "군중 앞에서 이야기하는 것은 인간에게 가장 큰 공포로 간주된다. 장례식에서 추도사를 외우기보다는 차라리 관에 들어가는 편이 낫다"라는 서양 격언이 있을 정도다.

불안은 언제나 몸을 통해 먼저 나타난다. 발표를 앞둔 사람 가운데 상당수가 식은땀, 손 떨림, 두근거림, 두통, 현기증 등 신체적 증상을 경험한다. 자신이 통제할 수 없는 상황에 놓이는 것을 뇌가 '위기 상황'으로 인식한 결과다. 수행불안은 결국 통제의 문제라고 할 수 있다.

자신이 청중을 휘어잡을 수 있다고 믿는 아이, 주목받는 상황을 즐기는 아이에게 발표는 즐거운 경험이다. 이 아이들은 발표 도중에 실수를 하더라도 유연하게 상황을 넘길 줄 아는 힘이 있다.

반면 발표공포증을 가진 아이들은 상황을 통제하기는커녕 오히려 불안에 잠식당하고 만다. '사람들 앞에서 얼굴이 붉어지면 어떡하지?' '말을 더듬으면 어쩌지?' '중간에 말할 내용을 까먹으면 얼마나 바보처럼 보일까?' 하며 사람들의 시선을 걱정하기에 바쁘다. 엄밀히 말하면 이 비난의 목소리는 그 누구도 아닌 자기 자신에게서 흘러나오는 소리다. 스스로에 대한 이런 비난을 멈추지 않으면 불안은 계속될 수밖에 없다.

아이가 지나치게 불안을 호소하면 부모가 외부 자극을 통해 이를 끊어줄 필요가 있다. 아이가 연습하는 모습을 동영상으로 촬영해 강점을 부각시켜 말해주고, 사전 질문을 미리 만들어 응답하는 연습을 시켜주는 게 좋다. 이렇게 해도 계속 두근거림, 두통 등 신체적 증상을 호소하면 청심환 등 약물로 자율신경을 진정시키는 게 도움이 될 수도 있다. 자율신경은 의지로 조정되는 게 아니기 때문이다.

결국은 사랑 때문이다

불안이 힘겨운 이유는 그 대상과 실체가 분명하지 않다는 데 있다. 혈압이 걱정되는 사람은 식사와 체중 조절을 하면 되고 고소공포증을 가진 사람은 높은 곳을 피하면 된다. 비둘기가 무서운 사람은 비둘기 떼를, 길냥이가 두려운 사람은 길냥이를 피해 다니면 된다. 이처럼 걱정과 두려움, 공포는 우리가 어느 정도 인식하고 있는 '외적 위협'에서 시작된다. 눈에 보이는 위협이기에 완벽하진 않지만 어느 정도 대응이 가능하다. 반면 불안은 그 실체가 없다. 불안은 '막연한 미래에 대한 걱정을 앞당겨 하는 것'으로 구체성 없는 그 무언가에서 비롯된 '내적 위협'이다.

부모에게 아이의 미래만큼 막연한 게 있을까? 아이의 장래만큼 불확실한 게 있을까? 그래서 평소 불안도가 높지 않던 사람도 부모가 되면 불안도가 올라간다. '누구 집 아이는 벌써 파닉스를 뗐다는데….' '누구 집 아이는 논술을 한다는데….' 부모의 이런 불안한 마음을 아는지 모르는지 아이는 온종일 유튜브를 보며 낄낄거리고 있다. 그 순간 아이가 풀다 밀쳐놓은 학습지가 눈에 들어오면 이유 모를 짜증이 솟아오르기 시작한다. 그리고 자신도 모르게 아이에게 인상을 쓰고 아무것도 아닌 일에 소리를 지르게 된다. 결국은 사랑 때문이다.

옆집 아이가 이성 친구를 만나고 게임하느라 컴퓨터 앞을 떠나지 않는다고 해서 화가 나는가? 옆집 아이가 말도 없이 학원에 빠졌다고 해서 분노가 일어나는가? 그렇지 않다. 내 아이니까, 사랑과 관심이 있으니까 화가 나는 것이다.

불안은 삶을 통제하려는 소망, 불확실성을 확실성으로 바꾸고 싶다는 희망에서 비롯된다. 삶이 자기 뜻대로 흘러가지 않는 것을 그 누구보다 잘 알기에, 아이가 부모 뜻대로 성장하지 않으리라는 것을 알고 있기에 불안하고 초조한 것이다.

자신을 극한으로 밀어붙이는 사람

능력 있는 사람, 성취 지향적인 사람이라는 말을 듣는 사람이 그렇지 않은 사람보다 불안도가 더 높다. 이런 사람들은 완벽주의 성향과 지배적인 성향이 강해 자신의 계획대로 일이 진행되지 않으면 큰 스트레스를 받는다. 내면의 불안을 잠재우기 위해 무의식적으로 계속 일을 만들어내는 스타일이다. 그래서 자신을 극한으로 몰아붙이며 마치 업무를 보듯 일상을 영위한다. 이른 새벽에 일어나 청소와 공부, 독서 등을 하고, 퇴근 후에는 집안 정리나 가계부 작성, 자산 관리, 다음 달 계획 등을 세우는 식이다. '내가 통제할 수 없는 상황=스트레스 상황'이므로 이들은 늘 주위를 통제하기 위해 애쓴다. 폐쇄적인 성향이 높아 융통성, 개방성, 효율성 등에 취약한 모습을 보이기도 한다.

아이를 양육할 때도 이런 성향은 고스란히 드러난다. 자신의 계획에 맞춰 아이를 통제해야 하기 때문에 아이의 의견을 존중하기보다는 일방적으로 지시를 내리는 게 익숙하다. 아이가 지시를 따르지 않으면 불안감이 높아져 잔소리가 심해지고 자신도 모르게 과잉 통제하려고 든다. 실제로 한 엄마는 아이가 혼자 학교 가는 것이 불안하다면서 매일 등굣길에 동행하는데, 현재 아이는 열여덟 살로 고등학교 2학년이다. 이런 비슷한 상황은 또 있다.

중학교 2학년, 초등학교 6학년 자녀를 둔 한 후배는 어느 순간 아이들이 태어나서 단 한 번도 버스를 타 본 적이 없다는 사실을 깨달았다. 그래서 매월 마지막 주 주말에 이벤트처럼 아이들을 데리고 대중교통을 타러 다닌다. 아이들이 버스나 지하철을 타 보지 못한 이유는 365일 아이들을 차로 실어 나르는 엄마의 정성 때문이다. 그녀는 매일 공부하느라 늦게 잠드는 아이들이 안쓰럽다며 학교와 학원을 오가는 시간만이라도 차에서 쉬게 해주고 싶어 했다. 아이들이 학원으로 들어가는 모습을 직접 확인해야 안심이 된다고도 했다.

"글쎄, 잘 모르겠어요. 애들하고 단 한 번도 떨어져 있어 본 적이 없어서 그런지 애 둘만 어디 보내기가 너무 불안하더라고요. 근데 요즘은 조금 지친다는 느낌이 들어요."

그도 그럴 것이 그녀의 차에는 항상 아이들의 간식과 저녁 식사, 비상약이 준비되어 있다. 아이들의 학원 스케줄이 꼬이지 않게 챙기고 날마다 아이들의 컨디션을 체크하는 것도 잊지 않는다. 영어, 수학, 논술, 미술, 태권도 등 여러 학원의 가방과 그에 맞는 준비물을 챙기는 것도 그녀의 몫이다. 돌발 상황을 미연에 방지하겠다는, 어떻게든 상황을 통제해 보려는 노력이 이런 행동으로 나타난 것이다. 결국 늘어나는 학원 개수만큼 그녀의 일도 늘어나고 있다.

엄마가 제일 잘 안단다

아이들에게 강한 의존성을 심어주는 부모는 대부분 인색하지 않다. 오히려 지나치게 베풀어서 문제가 된다. 물질적인 지원과 사랑, 보살핌과 애정은 넘치게 주지만 아이가 주체적인 인간으로 성장하는 데 필요한 지지와 자유를 주는 것을 간과한다. 불안감 때문에 아이들에게 자율성과 독립성을 허락하지 못하는 것이다. 아이들에게 자유를 준다는 것은 불확실성을 견디고 불완전하고 불만족스러운 결과물도 감수해야 한다는 뜻이 내포되어 있다. 그런데 이를 참아낼 수 없기에 과잉 통제를 하는 것이다.

“너는 몰라도 돼, 공부만 열심히 해.” “너는 공부만 열심히 하면 돼. 나머지는 엄마가 알아서 할게.” 어디서 많이 들어 본 말 아닌가? 많은 부모가 자신이 말한대로 아이의 기상 시간, 학원과 학교 과제, 발표와 시험 준비, 진학 상담을 도맡아 하고 있다. 아이 스스로 무언가를 고민하고 탐색하고 결정하고 경험할 기회를 부모가 대신하는 것이다. 그런데 부모들이 바라는 자립적인 아이, 독립적인 아이, 자기주도적인 아이는 스스로 결정하고 선택하는 경험을 통해 길러진다.

월트 디즈니 애니메이션 〈라푼젤〉을 보았는가? 마녀 고델이 라푼젤을 높은 탑에 가둬 놓기 위해 마법의 주문처럼 사용하는 말이 하나 있다. 그것은 바로 "엄마가 제일 잘 안단다Mother knows best"라는 것이다. 고델은 라푼젤에게 "바깥세상은 너무 험해서 너 혼자의 힘으로는 절대 살아남을 수 없을 것"이라며 끊임없이 겁을 준다.

물론 라푼젤은 영화 속 주인공답게 스스로 그 주문을 풀어내고 21미터, 2만 7천 가닥의 금발 머리를 무기로 탑을 뛰쳐나와 자신의 삶을 찾지만, 우리 아이들에게는 탈출을 도와줄만한 '21미터, 2만 7천 가닥의 금발 머리'가 없다. '엄마가 다 알아서 해줄 것'이라는 주문에 걸려있는 것도 문제다.

원하는 대학에 입학해 온 가족에게 기쁨을 안겨준 한 여학생이 있었다. 그런데 얼마 뒤 예상치 못한 일이 일어났다. 아이가 수강신청을 하지 않아, 원하는 수업을 들을 수 없었던 것이다. 뒤늦게 이 사실을 알게 된 부모가 아이를 앉혀놓고 그 이유를 물었다.

"도대체 지금까지 수강신청도 하지 않고 뭐 한 거야?"

"신청을 하려고 했지. 했는데… 너무 늦었어. 인원이 다 찬 걸 나보고 어쩌라는 거야."

"아니, 그게 대학생이 돼서 할 말이야?"

"에잇, 몰라. 그럼 엄마가 해줬으면 됐잖아."

게임으로 대리 성취감을 느끼는 아이들

스무 살이 다 되도록 공부하는 법만 배운 아이에게 "이제 어른이 되었으니까 네 행동에 책임을 져라"라고 말하는 건 어불성설이다. 우리 아이들은 어린 시절부터 사교육에 시달리고 있지만 이 교육은 대부분 대학 입시와 연관되어 있다. 삶을 살아가는 데 반드시 필요한 과정을 배울 곳이 없다.

아이들이 부모의 간섭과 도움 없이 목표를 세우고, 상황에 맞춰 궤도를 수정하고, 모험을 감행할 수 있는 공간은 안타깝게도 온라인 게임뿐이다. 가상 세계에서만 오롯이 주도적이고 자발적으로 인생을 개척할 수 있다 보니 게임 캐릭터로 대리 성취감을 느끼는 것이다.

성인이 될 때까지 한껏 의존성만 키워놓고 "애가 독립적이지 못해요" "문제 해결 능력이 부족해요" "자기가 주도적으로 하는 일이 없어요"라고 말한다면 아이들의 입장에서는 억울하다. 경험치는 아동

수준인데 몸만 컸다고 갑자기 어른 노릇을 하라고 말하니 당황할 수밖에 없다.

아이에게 자율권을 주는 것이 두렵다면 덜 중요한 일부터 맡기는 연습을 해보자. 행여 부모가 원치 않는 방식으로 아이가 일을 진행하더라도 일단 결과가 나올 때까지 기다려줘야 한다. 어찌 보면 부모의 마음을 불안하게 만드는 건 아이가 아니라 내 아이를 불완전하게 바라보는 부모의 불안한 시선이 아닐까.

*

‘아이 탓’이 아닌 ‘뇌 탓’을 하라

로미오와 줄리엣의 나이를 알고 있는가? 그 누구에게도 인정받을 수 없는 사랑에 괴로워하며 극단적 선택을 한 두 사람의 나이는 불과 열다섯 살, 열세 살에 불과했다. 그리고 이들은 단 4번의 만남을 통해 사랑에 빠지고 죽음이라는 비극적 결말을 맞았다. 이성이라는 제어장치가 제대로 발휘될 수 있는 나이였다면 지금 우리가 알고 있는 것과 다른 결말을 맞았을지도 모른다.

청소년기의 반항과 열정, 기성세대에 대한 무조건적인 도전과 호전적 태도는 호르몬과 미성숙한 뇌의 영향 때문이다. 문제 행동의 원인이 ‘아이 탓이 아니라 뇌 탓’인 경우가 많다. 천연 각성제라 불리는 도

파민은 가장 왕성하게 분출되는 시기지만 전두엽이 아직 완성되기 전이다. 그래서 사춘기 아이들은 알을 깨고 나오려는 열정에 비해 충동을 조절하는 제어 능력이 떨어진다. 운전면허를 처음 딴 사람이 운전에 익숙해지기까지 시간이 걸리듯, 이 시기의 아이들에게는 무조건적으로 성숙의 시간이 필요하다.

널리 알려져 있다시피 사춘기에 접어들 무렵 인간의 뇌는 대대적인 리모델링에 들어간다. 생각과 판단, 집중력, 충동 조절력을 관장하는 전두엽이 확장 공사를 시작하는 것이다.

신경세포 뉴런과 신경을 연결해주는 시냅스라는 미세회로가 빠른 속도로 연결되는데, 신경세포가 제대로 연결되지 않는 데서 문제가 일어난다. 정리되지 않은 수많은 전선이 엉켜 있는 상태라고 생각하면 이해가 쉬울 듯싶다.

설상가상으로 보상과 관련된 쾌감회로는 매우 민감해지는 시기다. 재미없는 공부보다 자극적인 게임과 흡연, 이성친구에게 쉽게 빠져드는 이유가 여기에 있다. 자극에는 민감하고 조절력이 부족하다 보니 아이 자신도 감정 조절과 충동 조절이 쉽지 않은 것이다.

아이의 분노와 반항, 적대감, 혼란, 일탈, 감정 과잉 등으로 지금 당신이 부모로서 회의를 느끼고 있다면 '뇌의 성장통' 때문임을 기억하자. 아이의 잘못이 아니라 뇌의 잘못이라고 인식해야 그나마 끓어오르는 분노를 참을 수 있다.

우정보다 인증이 익숙한 세대의 등장

"그래요. 사춘기는 원래 그런 거라고 쳐요. 성질을 부리든 고함을 치든 입을 닫고 제 방에 틀어박혀 있든 그건 자기 마음대로 하라고 해요. 근데 학생이니까 공부는 해야 하잖아요. 안 그래도 꼴 보기 싫은데 성적까지 떨어지니 정말 미쳐버릴 것 같아요."

사춘기 자녀를 둔 부모들의 공통된 하소연 가운데 하나다. 성장통을 호되게 겪고 있는 아이들 가운데 상당수가 학업에 흥미를 보이지 않는다. 이런 아이를 보면 부모는 "공부에 대한 의지가 전혀 없어요" "도대체 무슨 생각으로 사는지 모르겠어요"라고 말한다. 그런데 공부 역시 아이의 의지가 아닌 뇌의 문제다.

인간의 뇌는 걱정이나 분노, 억울함을 느끼면 스스로 납득할 이유를 찾는 데 온 에너지를 쏟는다. 아이가 의지를 가지고 책상에 앉아 있어도 뇌는 학업이 아닌 스트레스 상황을 해결하는 데 더 집중한다. 아이의 우선순위와 뇌의 우선순위가 다른 것이다. 그러니 책상에 앉아 있어도 공부가 될 리 없다. 아이의 할 일과 뇌가 할 일이 일치되어야 비로소 공부를 시작할 수 있다. 아이의 불편한 감정이 해결되어야 공부에 집중할 수 있다는 뜻이다. 그렇다면 요즘 사춘기 아이들의 가장 큰 고민은 무엇일까?

요즘 아이들에게 성적보다 더 큰 공포가 있는데 바로 또래 집단으로부터의 고립이다. 상상 이상으로 많은 아이가 또래 친구들에게서 비난과 배척을 당하거나 따돌림당하지 않을까 두려워한다. 흔히 포모 증후군*FOMO, Fear Of Missing Out syndrome*, 즉 고립증후군라 불리는 그것이다. 과거 우리는 친구의 약점을 감싸주며 우정을 나눴지만, 요즘 아이들에게 약점은 공격과 소외의 대상이 된다. 자극과 스피드, 화려함을 추구하는 아이들에게 깊은 사색이나 인문학적 사유, 인생에 대한 고민을 토로하는 친구들은 그야말로 노잼이다. 조금만 심각해져도 감성충, 진지충, 고민충, 젊은 꼰대로 희화되기에 이들은 외로움과 슬픔도 힙하게 표현하는 힙스터여야만 한다. 어쩌면 우정보다 인증이 익숙한 최초의 세대일 수도 있다. SNS는 물론 또래 사이에서도 친구라는 인증을 받아야만 자신의 존재가 증명되기 때문이다.

요즘 아이들은 왜 그렇게 속물적이고 물질적이냐고 말할 수 있지만 디지털 유목민인 아이들에게는 너무도 자연스러운 현상이다. 이들은 어린 시절부터 온라인을 통해 전 세계 또래 문화를 자연스럽게 흡수하며 성장했다. 초등학생에게 선풍적인 인기를 끄는 장난감이나 운동화를 보면 어른이 아니라 초등학생 키즈 유튜버들이 유행시킨 아이템이 많다. 유튜브에서 미국 아이가 가지고 노는 장난감을 보고 부모에게 구매를 부탁한 뒤 자신이 조작하는 영상을 유튜브에 올리는 식이다.

그 덕분에 요즘 아이들은 이전 세대가 상상도 하지 못한 삶의 영역을 갖게 되었다. 당연히 욕망의 범위도 과거와 비교할 수 없을 정도로 확장되고 있다. 이런 세대 감수성을 모르고 무조건 부모 시대의 가치관을 강요하는 건 위험하다.

요즘 아이들의 관계 맺기 특성

중학교 3학년인 아들과 말 한 마디 나눠 보는 게 소원이라는 부모를 만났다. 코로나19로 학교에 가지 않는 아들은 온라인 수업 시간을 제외하고 온종일 게임에 매달려 지낸다고 한다. 그나마 밥을 먹기 위해 잠깐 자신의 방에서 나오는데, 식탁에 앉아서도 스마트폰으로 친구들과 수다 떠느라 가족들과는 한 마디도 하지 않은 지 오래다. 자신이 필요한 게 있으면 그마저도 카카오톡으로 부탁한다고 하니 부모가 오죽이나 답답할까 싶다. 친구들과는 활발하게 이뤄지는 상호작용이 부모와 이뤄지지 않는 이유는 무엇일까?

SNS로 대인관계를 배운 아이들, 어린 시절부터 진짜 사람을 만나 소통하지 못한 아이들은 관계를 맺는 신경회로가 제대로 발달하지 못한다. 자신의 의견을 전달하고 타인의 느낌을 공유하고 소통하는 과정, 즉 제대로 된 관계 맺기를 하는 것만으로도 엄청난 두뇌 훈련이 된다. 그런데 요즘 아이들에게는 이 과정이 없다. 한 마디로 정서 지능Emotional intelligence이 발달하지 못하는 것이다. 정서 지능은 자신의 감정을 인식하고 조절하는 것은 물론 타인의 감정을 인식해 상황에 맞춰 대처하도록 만들어준다.

온라인 수업, 온라인 쇼핑, 온라인 메신저가 익숙한 아이들은 상대의 눈을 바라보는 걸 낯설어 한다. 상대의 감정을 읽고 효과적으로 자신의 의견을 전달해 본 경험이 부족해서 진짜 사람과 대면하는 것을 어려워한다. 이런 아이들은 공감능력이 떨어지고 현실에 무감각해지기 쉽다.

요즘 아이들의 관계 맺기 특성도 눈여겨볼 필요가 있다. 이들은 온라인을 통해 취미와 관심사가 비슷한 친구를 쉽게 사귄다. 쉽게 사귀는 만큼 조금이라도 마음에 들지 않거나 문제가 생기면 바로 차단시켜 버린다. 부모를 대하는 것도 이와 비슷하다. 사춘기 아이들은 부모와 말이 통하지 않는다고 생각하거나 부모가 자신을 이해하지 못한다고 느끼면 마음속으로 차단하고 손절해 버린다. 자신이 차단한 사람과 굳이 대화를 나눌 필요가 없기에 입을 닫는 것이다.

부모와 그 무엇도 공유하기 싫은 아이들

이 시기 아이들은 성적은 물론이고 생각과 느낌, 좋아하는 음악과 연예인, 가고 싶은 여행지, 사고 싶은 물건 등 부모와 그 어떤 것도 공유하고 싶어 하지 않는다. 부모의 자리를 친구와 또래 집단이 차지하고 있기 때문이다. 그래서 부모의 관심을 간섭과 잔소리로, 부모의 걱정을 힘겨루기로, 부모의 질문을 인신공격으로 받아들인다. 일반화 자체가 불가능한 상태라고 말할 수 있다. 오죽하면 미국에서는 사춘기 아이들을 에일리언이라고 부르겠는가. 외계인만큼이나 이해하기 어렵고 대화가 불가능한 존재라는 뜻일 것이다.

물론 사춘기가 끝나면 슬그머니 제자리로 돌아오지만 이 시기를 버텨내야 하는 부모의 힘겨움이 문제다. 사춘기 아이와 부모를 30분 정도 한 공간에 있게 한 뒤 "대화를 많이 나눴느냐"라고 물어보면 대부분의 부모는 "그렇다"라고 대답하지만 아이는 "아니요"라고 말한다. 이때 많은 부모가 당혹감과 배신감을 느낀다. 하지만 이것 역시 사춘기 아이들의 특성이다. 만약 부모가 손쓸 수 없는 상황이라면 전문가의 도움을 받아야 한다.

반면 어린 시절부터 아이와 상호작용을 충분히 해온 부모라면 아이를 믿고 기다리는 수밖에 없다. 혹독한 성장통이 끝나면 언제 그랬냐는 듯 아이는 자신이 있던 자리로 돌아올 것이다. 이 시기를 견디는 유일한 솔루션은 부모의 이해와 기다림뿐이다.

*

훈육과
학대 사이

몇 해 전 UN은 평생 연령 기준을 재정립했다. 이 기준에 따르면 1~17세를 미성년기, 18~65세를 청년기, 66~79세를 중년기, 80~99세를 노년기, 100세 이상은 장수 노인이 된다. 사회적으로는 어느덧 중·장년에 속하는 나이인데 평생 연령 기준으로 청년기에 해당한다니 감사하고 20~30대 젊은 사람에게는 송구한 마음이다. 하지만 부모의 입장으로만 보면 마냥 좋아할 만한 일도 아니다. 그만큼 부모 역할을 해야 하는 시기가 길어졌다는 뜻이기 때문이다.

아이를 독립시키기 전까지 부모는 쉼 없는 육체노동과 감정노동을 해야 한다. 지치고 힘들고 도망가고 싶은 마음을 억누른 채 객관적·이

성적·합리적인 어른의 역할을 해내야만 한다. 이것이 바로 부모에게 맡겨진 직무이기 때문이다. 하지만 아이는 부모가 이런 엄청난 일을 해내는 줄 모른다. 훈육과 학대, 문제의 시작점이다.

위험스러운 훈육의 시작

부모는 아이의 행동에 따라 하루에도 몇 번씩 천국과 지옥을 오간다. 일부러 약을 올리듯 슬슬 부모의 눈치를 보며 미운 짓, 나쁜 짓, 위험한 짓만 골라 하는 아이를 무조건 사랑으로 감쌀 수 있는 부모가 몇이나 될까?

그래서인지 의외로 많은 사람이 훈육과 학대를 구분하지 못한다. 부모의 '혼내기'는 아이의 입장에서 '혼나기'가 된다. 혼이 쏙 나가도록 야단을 맞는 일이기 때문이다. 훈육은 아이가 정신이 쏙 빠지도록 야단치는 일이 아닌데도 혼내기, 야단치기, 소리치기, 협박하기, 방에 아이 혼자 두기를 훈육 방법으로 사용하곤 한다. 훈육과 정서적 학대의 경계를 넘나드는 것이다. 도대체 훈육은 어떻게 해야 하는 걸까?

가르칠 훈(訓)과 기를 육(育), 즉 훈육은 아이에게 품성이나 도덕을 가르쳐 기르는 행위다. 기를 양(養)과 기를 육(育), 즉 양육은 아이를 보살피고 성장시키는 데 그 목적이 있다. 양육과 훈육은 결국 아이가 바람직한 행동을 하도록 가르쳐서 바르게 자라도록 하는 것이다. 이때 가장 중요한 것은 부모의 감정이다. 화나거나 분노한 상태가 아닌 평정심을 유지한 상태, 다시 말해 감정이 개입되지 않은 상태에서 아이를 교육하는 게 훈육의 핵심이다.

그런데 안타깝게도 부모의 감정이 요동칠 때, 분노가 격렬할 때 훈육이 이뤄지는 경우가 많다. 이성적·논리적으로 훈육을 시작했어도 그 과정을 거치다 보면 부모의 분노 게이지가 최고치를 찍을 때도 있다. 순간적인 화를 참지 못해서, 독박 육아로 스트레스가 쌓여서, 아이가 말을 안 들어서, 주 양육자의 우울감이 높아서, 경제적으로 어려워서, 부부관계가 좋지 않아서 등의 이유로 아이에게 화내고 체벌까지 가한다. 위험스러운 훈육의 시작이다.

"순간 저도 모르게 손이 나가더라고요. 그 순간만 참았으면 되는데… 아이가 자존감에 상처를 입었을까 봐 너무 걱정돼요. 좋은 엄마가 되고 싶었는데, 아이에게 너무 미안하고 후회스럽네요."

한 엄마의 고백이 '현실 훈육'에 대한 민낯을 보여준다. 아이한테 모질게 화풀이를 하고 나서 후회하며 안아준다고 면죄부를 받을 수 있을까? "부모도 사람이라서 그렇다" "아이도 부모도 그러면서 크는 거다" "다른 부모도 이런 상황이라면 그렇게 할 것이다"라는 말이 과연 아이에게도 위로가 될까? 자신만 그런 것이 아니니까 괜찮다는 생각은 더욱 위험하다. 너나 할 것 없이 모두 잘못한 게 맞다.

"미운 자식 떡 하나 더 주고, 예쁜 자식 매 한 대 더 때린다"라는 말이 있을 정도로 물리적인 훈육은 과거로부터 이어져 온 교육 방식 가운데 하나다. 과거 교사들도 아이의 학습 태도와 수업 태도를 바르게 이끄는 방법으로 체벌을 행했다. 선의의 목적이었을 테지만 이 과정에서 많은 아이가 신체적 아픔과 정서적 학대를 동시에 받았다.

그러나 시대의 변화와 각성에 따라 오랜 관행처럼 여겨왔던 학교 체벌이 사라졌다. 더는 교사의 감정에 따라 휘두르는 '사랑의 매'는 허용되지 않는다. 하지만 동전의 양면처럼 모든 일에는 장단점이 있는 법이다. 학교에서 체벌 금지가 전면 시행되고 난 후 교내에서는 훈육이 사라졌다. 종종 교사도 아이들을 통제할 수 없는 상황이 발생한다.

"요즘은 오히려 선생님이 학생을 무서워한다고 해요. 몇몇 아이 때문에 수업 분위기가 안 좋아서 우리 애도 피해를 보고 있는데 뾰족한 수도 없고… 학교가 예전 같지는 않더라고요"라고 말하는 부모마저도 교사에게 체벌권을 돌려주고 싶어 하지는 않는다. 체벌의 긍정적 효과보다 부정적 효과를 경험한 탓이다. 법으로부터 보호받는 존재가 된 덕분에 현재 우리 아이들은 외부 학대로부터 어느 정도 안전한 수준에 들어와 있다.

문 닫으면 위험한 공간, 가정

문제는 가정이다. 학교는 보는 눈이라도 많지만 가정은 다르다. 현관문을 닫으면 그 안에서 어떤 일이 일어나는지 그 누구도 알

수 없다. 어떤 부모가 자기 자식을 학대하겠는가 싶지만 아동학대의 70~80퍼센트가 친부모에 의해 이뤄진다는 통계가 있다. 내 자식이기에 더 잘 가르치고 싶은 욕구가 훈육을 학대로 변질시킨다. 가르치는 것은 부모의 의무일 뿐 아이의 의무가 아니다. 아이는 이런 의무를 져야 할 만큼 성숙하지도 않다.

가르침의 의무를 성실하게 이행하는 부모일수록 말 안 듣는 아이를 견딜 수 없어 한다. 특히 '내 자식이니까 내 맘대로'라는 정서가 밑바닥에 자리 잡은 부모는 체벌도 훈육의 일종이라고 여긴다. 실제로 아이의 몸에 멍 자국이 있어 경찰 조사를 받은 한 여성은 "아이가 하라는 공부는 하지 않고 늦은 밤까지 놀기만 하고 습관적으로 거짓말을 한다. 나쁜 버릇을 고치기 위해 때렸다"라고 주장했다. "그저 훈육하려고 했을 뿐이다"라는 양육자의 주장은 아동학대 수사 과정에서 가장 많이 나오는 항변이기도 하다. 하지만 요즘은 부모가 감정을 잘못 풀면 단순한 실수를 넘어 '처벌 대상'이 된다.

한국아동인권센터는 언어적 폭력, 정서적 위협, 감금이나 억제, 형제나 친구 등과 비교, 차별, 편애, 가족 내에서 따돌림, 아동에게 비현실적인 기대 또는 강요를 하는 행위 모두를 정서적 학대로 보고 있다. 아동복지법은 잠을 재우지 않는 것, 벌거벗겨 내쫓는 것, 가정 폭력을 목격하도록 하는 것, 아동을 시설에 버리겠다고 폭언하는 것, 미성년자 출입금지 업소에 아이를 데리고 다니는 것, 종교 행위를 강요하는 것도 정서적 아동학대로 보고 있다. 법은 우리가 미처 학대라고 인식하지 못한 영역에서도 얼마든지 정서적 학대가 이뤄질 수 있다고 말한다.

어린이집에서 빈번하게 아동학대 사건이 일어나자 정부에서는 CCTV 설치를 의무화했다. 당시 나는 한 언론 인터뷰를 통해 CCTV는 교사 감시용이 아니라 교사와 아이 모두를 지키는 보호 장치라고 이야기했다. CCTV라는 타의적 장치가 교사들의 감정 조절에 도움이 된다는 생각에는 변함이 없다. 자신의 감정 표현이 기록되는 CCTV를 의식하기만 해도 무의식에서 올라오는 분노와 화를 분명 조절할 수 있다.

어른의 자리

특히 분노 조절이 힘든 부모는 본인의 의지만으로 문제를 해결할 수 없다. 분노에 브레이크를 걸어줄 타의적인 장치가 필요하다. 가정에 CCTV를 설치하면 좋겠지만 여건상 쉽지 않은 현실이다. 그렇다면 CCTV 대신 녹음을 활용해 보자. 가정에서 아이와의 대화를 녹음해 보는 것이다. 이 과정을 통해 부모는 자신이 아이에게 자주 하는 표현이 무엇인지, 아이가 어떤 행동을 했을 때 유독 화를 내는지, 화내는 강도가 적당했는지, 어디서 분노를 멈춰야 하는지를 알 수 있다. 너무 흥분한 것은 아닌지, 화나서 더 격하게 말한 것은 아닌지, 객관성을 잃어버린 것은 아닌지, 부정어와 명령문으로만 아이를 대한 것은 아닌지 스스로를 진단해 볼 수 있다.

실제로 한 부모는 “세수했어?” “양치는?” “그거 하지 말라고 했지” “아니라니까” “또 그러네” 등 단문으로 된 명령형과 추궁형의 말만 하는 자신을 보고 깜짝 놀랐다고 한다. 또 다른 부모는 소리를 지르진 않았지만 아이와의 대화에서 강압적이고 고압적인 말투를 사용하는 자신을 발견했다. 남들이 들으면 마치 아이를 때린다고 오해할 만큼, 위협적인 태도로 자녀를 대하고 있음을 깨달았다. 또 다른 부모는 자신이 아이에게 그처럼 짜증을 많이 내는지 몰랐다고 말한다. 덧붙여 그는 온종일 짜증 내는 자신의 목소리를 듣는 게 괴로웠다고 고백한다.

아이를 양육하는 일은 반려동물이나 반려식물을 기르는 것과 차원이 다르다. 아이라는 존재는 반려동물처럼 충성심을 보이지도 않고 오히려 부모를 자신의 뜻대로 길들이려고 한다. 아이라는 존재는 반려식물처럼 적절한 햇볕과 수분만으로 만족해하지 않는다. 부모가 신경 써서 햇볕이 잘 들어오는 좋은 자리를 골라주어도 아이는 햇볕이 뜨겁다, 눈이 부셔서 싫다, 바람이 차갑다면서 투덜댄다. 부모의 말은 듣지 않으면서 일방적으로 자신의 요구 조건만 나열하는 아이를 보면 가끔은 힘과 권위로 굴복시키고 싶다는 충동을 느끼기도 한다. 부모도 사람인지라 어쩔 수 없다.

약한 사람 앞에서 자신의 힘을 과시하고 자신보다 못한 사람을 괴

롭히는 것은 어린 아이나 하는 짓이다. 부모는 아이가 아니라 어른에 어울리는 선택을 해야만 한다. 감정의 뇌가 아닌 이성의 뇌로 사고해야 한다. 그리고 스스로 변하겠다는 마음을 먹고 즉각적으로 잘못된 행동을 바꿔야 한다. 이것이 바로 자기성찰을 할 수 있는 어른이 가진 힘이다.

*

나의 시대와 너의 시대는 다르다

2000년대 중반 한 연구기관이 나라별 부모를 대상으로 자녀에게 원하는 게 무엇인지 묻는 설문조사를 한 적이 있다. 당시 꽤 흥미로운 결과가 나왔는데 네덜란드 부모들은 아이가 휴식, 청결, 꾸준함 등 올바른 생활 습관을 갖길 원했다. 이들은 협력과 팀워크를 학습 성취보다 더 중요하게 여기기도 했다. 이탈리아 부모들은 아이가 모나지 않고 사람들과 잘 어울려 지내기를 바랐다. 유쾌한 성격을 가진 사람으로 성장하길 원하는 부모도 적지 않았다.

반면 미국 부모들은 우리나라처럼 아이가 똑똑하고 남들보다 뛰어나기를 바라는 경향이 높았다. 신체적·정신적으로 건강하게 성장하는

데 관심이 높은 유럽과 달리 아이가 똑똑하기를 바라는 국가의 부모들은 경쟁에 초점을 맞추는 경향이 높다. 그래서 공동 양육이나 공교육에 기대어 양육을 분산시키는 유럽과 달리 좀 더 공격적이고 성공 지향적인 집중 양육intensive parenting 방식을 선호한다. 내 아이가 다른 아이에게 뒤처지는 것을 바라지 않기 때문이다.

지식의 착각에 빠지는 부모들

이런 양육 방식은 아이를 있는 그대로 존중하고 인정하는 것을 어렵게 만든다. 경쟁에서 승리하려면 그 누구보다 빠르고 강하게 치고 나가야 한다. 아이의 요구 조건을 다 들어주다 보면 속도가 늦어질 수밖에 없다. 이런 조급함은 부모를 착각에 빠뜨린다. 자신 역시 어린 시절을 겪었기 때문에 아이들의 마음을 잘 안다는 '지식의 착각llusion of knowledge'에 빠지는 것이다. 지식의 착각은 자신이 알고 있는 지식이나 정보를 지나치게 신뢰할 때 일어난다. 쉽게 말해 제대로 모르면서 잘 알고 있다고 착각하는 현상이다.

아이들은 발달 단계에 맞춰 성장하기 위해 나름 엄청난 스트레스를 받는다. 갓난아기의 경우 목을 가누고, 몸을 뒤집고, 엉금엉금 기고, 무언가를 잡고 일어서는 등 그 모든 과정이 인생을 건 도전이다. 첫 발을 내딛고 제 힘으로 걷기까지 자신의 한계를 끊임없이 넘어서야 한다.

제 손으로 젓가락질 하고, 신발을 신고, 학교에 가고, 새로운 친구들을 사귀는 것 역시 마찬가지다. 이 과정을 통해 아이들은 생전 해 보지 않던 양보도 해야 하고 협동도 해야 하고 규칙도 따라야 한다. 아이들에게는 매일 매일이 도전인 셈이다.

학교에서 친구와 싸웠을 때는 미안하다는 말을 어떻게 전할 것인지가 인생 최대의 고민이 된다. 그런데 부모는 이를 공감해주지 않는다. "내일 학교 가서 그냥 미안하다고 해"라며 아이의 고민을 하찮은 것으로 만들어버린다. 부모의 경험에 비추어 보면 별일 아니기 때문이다.

아이가 부모에게 지식을 가르치는 세상

학습적인 부분도 마찬가지다. 부모가 공부했던 1980, 90년대와 지금의 교과 과정은 판이하게 다르다. 하지만 아이보다 먼저 초·중·고등학교 교과 과정을 경험한 부모는 자신이 배운 방식이 옳다고 생각한다. 아이가 원하는 것은 틀렸다, 아직은 때가 아니다, 좀 더 크면 해도 된다고 하면서 자신의 경험을 강조한다. 이때 아이가 느끼는 불만조차 가져서는 안 되는 감정으로 치부하는 부모도 있다. 자신의 생각이 아이에게 이로운 선택이라는 착각 때문이다. 이런 지식의 착각은 왜곡과 편견, 고집과 아집을 낳는다.

개인적으로 새로운 IT 기기나 음식점의 키오스크, 가게의 셀프 계산대 등을 접하면 당황스럽다. 뭐가 그렇게 복잡한지 설명서를 봐도 무슨 이야기인지 모를 때가 많다. 이때 내가 SOS를 치는 사람은 다름 아닌 우리 아이들이다. 아마 대한민국에서 IT 기기를 가장 스마트하게 다루는 소비자는 아이들이 아닐까 싶다.

생각해 보면 원래 가르침은 어른이 아이에게로 내려주는 것이었다. 어른이 아이에게서 순수함을 배울 수는 있지만 지식을 배운다는 것은 상상조차 해 본 적이 없다. 그런데 요즘 어떠한가? 많은 부모가 아이로부터 기기 사용법을 배운다. 앞으로는 우리가 전혀 경험해 보지 못한 새로운 세상이 펼쳐질 것이다. 이런 상황에서 부모의 경험에만 비춰 아이를 판단하는 건 위험하지 않을까?

'나의 시대와 너의 시대가 다르다'는 사실을 인정하는 것에서부터 시작해 보자. 이것이 바로 아이와 관계의 거리를 좁히고, 갈등을 줄이는 지름길이다.

이미 준 것은 잊어버리고 못다 준 것만 기억하리라

우리 집 고슴도치 '개똥이' 이야기를 해야겠다. 사랑 넘치는 행동을 한 적도 없고, 그저 자기 좋아하는 간식 밀웜이나 줘야 그나마 움직이고, 먹고 나면 다시 이불로 들어가 버리던 깍쟁이 고슴도치. 그 개똥이가 이 책의 프롤로그를 쓰는 날 아침에 갑자기 죽었다.

꽤 괜찮은 장례를 해주고 싶었는데 황망한 나머지 허둥지둥 녀석을 보내고 나니 마음이 더 힘들다. 그리고 개똥이가 떠나고 나서야 생각보다 받은 게 많다는 사실을 알게 되었다. 고슴도치는 그리 살갑고 상냥한 동물이 아니다. 강아지나 고양이처럼 애교가 많지도 않고, 반려인의 목소리에도 별 반응을 보이지 않는다. 부비부비 스킨십으로 사랑을 표현하지도 않는다. 제 이불 동굴에 들어가 마음이 내키면 나와서 운동하고 밥을 먹는, 그야말로 제멋대로인 친구였다.

그토록 까칠하던 녀석이 어느 날 밥때가 되자 아장거리며 나와 밥통 앞으로 가서 음식을 먹기 시작했다. 평소 작은 인기척에도 몸을 감추던 도도한 녀석이 사람을 의식하지 않고 깨샤삭거리며 밥을 먹는 모습이 어찌나 기특한지 영상으로 찍어 유튜브에 올리기도 했다. 그러던 어느 날 "개똥아 밥 먹어"라고 부르는데도 녀석은 제자리에 누워 꼼짝을 하지 않았다. '녀석, 자는가 보구나'라고 생각했는데 얼굴도 안 보여주고 그렇게 가버린 것이다. 남겨진 개똥이의 간식과 사료를 보니 '맛있는 거라도 좀 더 줄걸' 하는 후회가 밀려온다. "너 오래 살라고 간식도 조금만 준 거야"라고 혼잣말을 하다가 "정말 맛있게 먹었는데, 밀웜 몇 마리 더 줄걸"이라고 중얼거리며 시간을 보낸다.

오래오래 살라고 이름도 '개똥이'라고 지어준 딸의 바람과 달리 겨우 몇 년 살다간 도치 개똥이. 작디작은 녀석이 나간 자리가 어찌나 크게 느껴지던지 그야말로 가슴 한쪽이 뻥 뚫린 듯하다. 그동안 개똥이를 돌봐주었다고 생각했는데 '돌보면서 돌봄을 받은 것'이었다는 생각이 든다. 주기만 하는 사랑도, 받기만 하는 사랑도 없다는 것을 이 작은 생명을 통해 다시 깨닫게 된다. 지금 이 책의 에필로그를 쓰면서도 자꾸 혼잣말을 한다.

"잘해줄걸."

후회 없이 매 순간을 산다는 것이 가능할까?

그게 불가능하다면 조금 덜 후회하는 삶을 살았으면 좋겠다. 특히 후회하지 않을 만큼 아이를 잘 키운다는 것은 여간 어려운 일이 아니다. 부모와 자녀라는 대단한 인연으로 만나 그 어떤 사이보다 후회 없이 사랑을 주고받아야 하지만, 그 어떤 사이보다 큰 상처를 남기는 게 부모와 자녀 사이이기 때문이다.

"엄마가 되어야 부모 마음을 안다"는 말과 달리 아이를 키우면서 오히려 부모에 대한 원망과 서운함이 몰려오는 사람이 많다. 아이를 대하는 자신의 모습에서 부모의 모습이 언뜻언뜻 보이고, 그럴 때마다 원 부모에 대한 미움과 상처가 도드라져 올라온다.

선배 엄마로서, 인생을 좀 더 살아 본 사람으로서 꼭 하고 싶은 말이 있다. 부모의 사랑을 의심하고 원망하느라 소모했다면 이제 지나간 내 시간을 애도하고, 자신은 어린 아이가 아니라 또 다른 한 생명을 책임지는 어른이라는 사실을 받아들이자고.

지금 자신을 힘들게 하는 건 '어른인 나'가 아니라 '상처받은 어린 나'다. 상처받은 기억과 사랑받은 기억이 공존하면서 제대로 위로받지 못한 유년 시절의 감정이 화를 내고 투정을 부리고 있는 것이다.

이 책을 마무리할 무렵 겪은 개똥이와의 이별은 내게 몇 가지 깨달음을 주었다. 용서하지 못할 일도, 사랑하지 않을 이유도 없다고…. 뒤늦게 후회하지 말고 지금 곁에 있는 사람들에게 더 잘해주자고…. 이 또한 우리가 지금 여기 있기에 가능하다고….

더 늦기 전에, 오늘이 가기 전에 더 많이 사랑을 표현했으면 좋겠다. "이미 준 것은 잊어버리고 못다 준 사랑만을 기억하리라"는 김남조 시인의 말이 떠오르는 봄이다.

부모와 아이 중 한 사람은 어른이어야 한다

2021년 4월 19일 1판 1쇄 발행
2024년 5월 1일 1판 8쇄 발행

지은이 | 임영주
펴낸이 | 이종춘
펴낸곳 | BM (주)도서출판 성안당
주소 | 04032 서울시 마포구 양화로 127 첨단빌딩 3층(출판기획 R&D 센터)
10881 경기도 파주시 문발로 112 파주 출판 문화도시(제작 및 물류)
전화 | 031)950-6367
팩스 | 031)955-0510
등록 | 1973.2.1. 제406-2005-000046호
출판사 홈페이지 | www.cyber.co.kr
투고 및 문의 | coh@cyber.co.kr
ISBN | 978-89-315-7787-7 13590
정가 | 15,000원

이 책을 만든 사람들
책임 | 최옥현
진행 | 조혜란
기획·편집 | 김수연, 이보람
일러스트 | 황미옥
디자인 | 엘리펀트스위밍, 박원석
홍보 | 김계향, 유미나, 정단비, 김주승
국제부 | 이선민, 조혜란
영업 | 구본철, 차정욱, 오영일, 나진호, 강호묵
마케팅 지원 | 장상범
제작 | 김유석

& page 는 (주)도서출판 성안당의 단행본 출판 브랜드입니다.